Christine Wilde

Das Kosmos Handbuch
Meerschweinchen

KOSMOS

Das Meerschweinchen

Vom Wildmeerschweinchen zum Heimtier

Die Vorfahren unserer Hausmeerschweinchen sind Wildtiere, die ihr Leben ganz wunderbar ohne Menschen meistern können. Viele der Verhaltensweisen ihrer wilden Vorfahren finden wir auch in unseren Heimtieren wieder. Egal wie lange sie schon als Heimtiere leben und domestiziert werden: Meerschweinchen sind Lebewesen mit vielen Eigenarten, Bedürfnissen, Besonderheiten und Verhaltensweisen, die wir nur verstehen können, wenn wir die Lebensweise ihrer wilden Verwandten genauer betrachten.

Peruanische Einwanderer

Bis vor wenigen Jahren wurde angenommen, die „wilden Urahnen" unserer Heimtiere seien „Gemeine Meerschweinchen" (*Cavia aparea*). Neuere molekulargenetische Untersuchungen weisen aber eher auf das „Tschudi-Meerschweinchen" (*Cavia tschudii*) als Vorfahren hin. Dieses hat seinen Namen von dem Schweizer Südamerikaforscher Johann Jakob von Tschudi, der es als einer der ersten als eine eigene Art erkannte.

Lebensweise wilder Meerschweinchen

Der Lebensraum der Tschudi-Meerschweinchen liegt vor allem in den peruanischen Anden, im südlichen Bolivien, nordwestlichen Argentinien und nördlichen Chile in einer Höhe von etwa 2 500 bis 4 200 Metern. Einige Quellen gehen davon aus, dass sie auch in höheren oder tieferen Lagen zu finden sind. Sie leben vermutlich in der sogenannten Wet Puna. In diesen Gebieten kommt es zu Regen- und Trockenzeiten. Tagsüber ist es häufig sehr warm, bis zu 28 °C, in der Regenzeit schwül, nachts kann es sehr kalt werden, in Ausnahmefällen bis -3 °C. Bodenfrost und Regen kommen nachts in der kalten Jahreszeit häufig vor. Die Vegetation besteht vor allem aus verschiedenen, häufig hoch wachsenden Gräsern, wie z. B. Weidelgras, Straußgras, Schilfgras, Pampasgras, Raugras, Binsen, Alpengras, Bambusarten und weitere. Dazu finden sich kleine Sträucher und Bäume sowie krautige Pflanzen, beispielsweise Gänsefingerkraut, Frauenmantel und Labkraut. Die karge Vegetation zwingt die Tiere dazu, viel Zeit mit der Nahrungsaufnahme zu verbringen.

Wildmeerschweinchen graben keine Baue und legen keine Nester an. Sie suchen vor allem Schutz vor der Tageshitze und Fressfeinden in vorhandenen Höhlen, verlassenen Bauen, Felsspalten und vor allem im dichten Gebüsch, wo sie nur Hohlräume schaffen, indem sie Pflanzenteile abnagen. Im hohen Gras legen sie sich ebenfalls Höhlen und Trampelpfade an. So sind sie vor Fressfeinden relativ gut geschützt. Zur Nahrungsaufnahme werden niedrigere Weideflächen bevorzugt.

Gruppenleben

Tschudi-Meerschweinchen leben in Gruppen. Eine Gruppe besteht aus einem Bock, zwei bis drei Weibchen, seinem sogenannten Harem, und deren Jungtieren. Üblicherweise steht das älteste und somit ranghöchste Weibchen dem Bock besonders nah und unterstützt ihn. Mehrere solcher Harems bilden eine lose Großgruppe, die ein Gebiet durchstreift und bewohnt.

Allerdings haben die Gruppen nur wenig Kontakt miteinander. Es ist nicht klar, ob die Böcke untereinander eine feste Rangordnung ausfechten oder ob sie keinerlei Kontakte pflegen und andere Böcke, inklusive ihrer geschlechtsreifen Nachkommen, ausschließlich vertreiben und auf Abstand halten. Innerhalb der Meerschweinchengruppe gibt es eine klare Rangordnung. Die Böcke haben die Aufgabe, die Weibchen und Jungen zu beschützen. Sie verteidigen ihre Weibchen auch gegen andere Böcke. Die Weibchen pflegen innerhalb des Harems enge Freundschaften und ziehen die Jungen gemeinsam groß. Die ganze Gruppe geht vor allem in den Morgen- und Abendstunden zusammen auf Futtersuche. Dabei bewegen sich die Tiere auf ihren Trampelpfaden hintereinander, also im Gänsemarsch, fort. Beim Fressen auf der Wiese bleibt die Gruppe immer dicht zusammen. Stößt eines der Tiere einen Warnruf aus, fliehen alle Meerschweinchen.

Aufmerksam und immer zur Flucht bereit, wird die Umgebung überwacht.

Wenn einer aufpasst, können die anderen im sicheren Versteck in aller Ruhe fressen.

Der Weg zum Heimtier

Es kann nicht mit Sicherheit gesagt werden, wie lange Meerschweinchen schon domestiziert sind. Es gibt unterschiedliche Quellen mit Angaben, die von 5000 v. Chr. bis zu 2000 v. Chr. reichen. Die ältesten gesicherten Funde aus dem Hochland werden um 900 v. Chr. datiert. Diese Funde zeigen schon alle Besonderheiten von domestizierten Meerschweinchen. Es wird deshalb davon ausgegangen, dass Meerschweinchen, vor allem die der Altiplano-Region, wo heute noch Tschudi-Meerschweinchen wild vorkommen, schon wesentlich länger in der Obhut der Menschen lebten. In Peru, Ecuador und Chile wurden und werden sie vorwiegend als Opfertiere sowie Fleisch- und Pelzlieferanten gehalten. Sie leben häufig mit den Menschen im Haus zusammen und laufen frei in den Hütten auf dem Boden herum. Sie werden vor allem mit Küchenabfällen gefüttert. Diese Küchenabfälle bestehen überwiegend aus Maisblättern und anderen Gemüseresten. Dazu kommt eine Kost aus wildwachsenden Gräsern, Zweigen und Blättern.

Bunte und Rosettenmeerschweinchen wurden schon früh gern als Opfertiere verwendet, weshalb sie seit mindestens 2000 Jahren gezielt nach Farben und Fellarten gezüchtet werden. Erst im 16. Jahrhundert gelangten die ersten Meerschweinchen durch portugiesische und spanische Händler nach Nordamerika, Portugal und Spanien. Anfangs wurden sie noch als exotische Besonderheiten von Adeligen zur Schau gestellt. Durch ihre Vermehrungsfreude und ihre Anpassungsfähigkeit wurden sie aber schon bald zu beliebten Haustieren bei der Bevölkerung und gelangten

Farb- und Fellvarianten, wie Rosetten oder weiße Meerschweinchen gibt es schon lange.

vor allem im 17. Jahrhundert in weitere europäische Länder und nach Deutschland. In Europa wurden sie nicht im großen Stil als Nutztiere gehalten. Vor allem ihr ruhiges und freundliches Wesen sowie ihre Farben- und Fellvielfalt macht sie bei Züchtern und Heimtierhaltern zu beliebten Haustieren.

Namensfindung

Woher kommt eigentlich der recht ungewöhnliche Name? Die kleinen Wesen können weder schwimmen, noch leben sie im Meer und mit Schweinen sind sie auch nicht verwandt. Es gibt viele Erklärungen zur Namensfindung: Dem Etymologischen Wörterbuch „Kluge" ist zu entnehmen, dass früher die Stachelschweine so genannt wurden. Noch älter wäre die Bezeichnung „meriswin" für Delphine, die hoch quieken, ähnlich wie unsere Haustiere, und im Meer leben. Eine andere und sehr populäre Erklärung ist die, dass die Tiere „Meer" im Namen haben, weil sie über das Meer kamen, und „Schweinchen" weil sie wie Schweine quieken. In England heißen die Tiere Guinea Pigs, weil sie früher für „einen Guinea" (eine alte Münzeinheit) zu bekommen waren. Heute wird dort die Bezeichnung „Cavie" verwendet, die auf ihre Lebensweise in Höhlen hinweist. Meerschweinchenfans schreiben den Namen gern um in „Mehrschweine", weil man immer mehr davon haben möchte, oder „Möhrenschweinchen", weil sie gern Möhren fressen.

Zoologische Zuordnung

In der Biologie werden Tiere systematisch erfasst und in Kategorien aufgeteilt. Maßgeblich für diese Einteilungen sind die ganz speziellen Merkmale einer Tiergruppe. So werden alle Tiere, die sich theoretisch untereinander erfolgreich fortpflanzen könnten und weitere spezifische Merkmale haben, die als klares Erkennungsmerkmal dienen können, in einer „Art" zusammengefasst. Sehr nah verwandte

Arten werden in „Gattungen" zusammengefasst. Gattungen, deren Arten Ähnlichkeiten haben, bilden eine „Familie", die wiederum in Ordnungen zusammengefasst werden. Geht man höher, stellt man fest, dass Meerschweinchen in die Familie der Säugetiere gehören, sie gehören zu unserer Familie.

Diese Einteilungen sind keine starren Gebilde und es kommt immer wieder zu neuen Klassifizierungen von Tieren. Unsere Meerschweinchenartigen gehören zu den Tieren, bei denen es zunehmend Zweifel an der bisherigen Ordnung gibt. Die Forschung hat anhand von genetischen und biochemischen Untersuchungen in den letzten Jahren zu der Erkenntnis geführt, dass sie sich so stark von allen anderen Nagern unterscheidet, sodass sie eigentlich nicht in die Ordnung der Nager passen. Beispielsweise halten sie ihr Futter nicht mit den Vorderpfoten fest wie die meisten Nager und es gibt auch Unterschiede im Genom.

Biologische Systematik

Ordnung: Nagetiere (Rodentia)
Dazu gehören 29 Familien, unter anderem Chinchilla, Hörnchen, Mäuseartige.
Unterordnung: Stachelschweinverwandte (Hystricomorpha)
Dazu gehören Stachelschweine und Meerschweinchenverwandte.
Teilordnung: Hystricognathi
Dazu gehören unter anderem Chinchillas, Stachelratten und Baumratten.
Familie: Meerschweinchenartige (Caviidae)
Dazu gehören 5 Gattungen, unter anderem Zwergmeerschweinchen und Wieselmeerschweinchen.
Gattung: Echte Meerschweinchen (Cavia)
Dazu gehören vermutlich 8 Arten, unter anderem das Gemeine Meerschweinchen (Cavia aparea) und das Tschudi Meerschweinchen (Cavia tschudii).
Art: Hausmeerschweinchen (Cavia porcellus form. domestica)

Enge Verwandte der Meerschweinchen

Die engsten Verwandten unserer Meerschweinchen sind vermutlich Tschudi Meerschweinchen. Im direkten Vergleich mit unseren Haustieren fällt zuerst auf, dass diese wesentlich leichter und schlanker sind. Sie wiegen ausgewachsen nur etwa 500 bis 600 g. Ihr Fell ist agoutifarben, jedes Haar ist dreifach in grauem bis bräunlichem Farbton gebändert, das ergibt einen graubraunen Gesamteindruck. Der Bauch ist heller gefärbt. Tschudi Meerschweinchen sind wesentlich agiler als unsere Haustiere. Sie sind sehr flink, können besser klettern und springen.

Ein ebenfalls enger Verwandter aus der Gattung der echten Meerschweinchen sind Gemeine oder Wildmeerschweinchen (*Cavia aperea*). Vor den genetischen Tests wurde angenommen, dass sie die Stammform unserer Heimtiere wären. Sie sind ebenfalls graubraun, wiegen zwischen 700–1 500 g und sind damit etwas leichter als unsere Heimtiere. Sie leben in Gruppen von fünf bis zehn Tieren in angeblich selbst gegrabenen Höhlen.

Innerhalb der Teilordnung Hystricognathi gibt es viele weitere Verwandte. Stachelschweine gehören ebenso zu dieser Gruppe wie die als Heimtiere bekannten Chinchillas. Die größten Verwandten unserer Meerschweinchen sind die Capybaras, besser bekannt als Wasserschwein (*Hydrochoerus hydrochaeris*). Capybaras erreichen eine Länge von bis zu 130 cm und eine Höhe von bis zu 60 cm. Ihr durchschnittliches Gewicht liegt bei 50–60 kg, wobei die Weibchen schwerer werden. Besonders große Exemplare können sogar bis zu 80 kg wiegen. Sie haben ein langes, aber eher dünnes, grobes, graubraunes Fell. Mit den Schwimmhäuten zwischen ihren Zehen und ihrem ganzen Körperbau sind sie gut an eine Lebensweise im Wasser, vorzugsweise am Flussufer angepasst. Diese Riesenschweinchen wohnen vor allem in Panama, Kolumbien und Venezuela und sind damit also die großen Nachbarn unserer Heimtiere.

Nutrias, auch Wasserratten genannt, gehören ebenfalls zur Familie der Stachelschweinartigen und sind daher entfernt mit den Meerschweinchen verwandt. Sie stammen ebenfalls aus Südamerika und wurden zur Pelzgewinnung in Pelzfarmen gehalten. Ausgesetzte Tiere oder solche, die fliehen konnten, haben sich mittlerweile in einigen Gebieten Europas angesiedelt.

Stachelschweine sind wehrhafte und eher entfernte Verwandte unserer Heimtiere.

Wasserschweine sind wohl die imposantesten Verwandten der Meerschweinchen.

Anatomie der Meerschweinchen

Die Meerschweinchenanatomie gleicht der vieler Säugetiere. Ihr Skelett ist im Großen und Ganzen wie bei jedem Wirbeltier aufgebaut. Sie haben eine Wirbelsäule, die sich aus 7 Halswirbeln, 12 Brustwirbeln, 6 Lendenwirbeln, 4 Kreuzbeinwirbeln und 7 Schwanzwirbeln zusammensetzt. Am Ende der Wirbelsäule befindet sich ein kurzer Schwanzfortsatz, allerdings haben Meerschweinchen keinen sichtbaren Schwanz.

Von Kopf bis Fuß

Am Anfang der Wirbelsäule befindet sich der Kopf mit dem außergewöhnlichen Gebiss der Meerschweinchen. Dieses verfügt über wurzeloffene Zähne, die ein Leben lang nachwachsen. Die oberen Schneidezähne sind fast weiß, sehr hart und werden von den unteren Schneidezähnen beim Nagen sichelförmig abgemahlen. Meerschweinchen haben keine Eckzähne. Im hinteren Kieferbereich befinden sich beidseitig Mahlzähne, je vier auf jeder Seite oben und unten. Diese werden durch intensive Mahlbewegung abgeschliffen.

Meerschweinchen haben einen breiten Brustkorb, mit 12 Rippen auf jeder Seite. Ihre kurzen und kräftigen Beinchen haben je vier Zehen an den Vorderfüßchen und drei Zehen an den Hinterfüßchen. Die Zehen verfügen über Krallen. Diese bestehen aus einer massiven Krallenplatte an der oberen Seite und einer weicheren und langsamer wachsenden Krallensohle, zusammen ergeben sie eine röhrenförmige Kralle. Darin befindet sich die gut durchblutete Lederhaut. Die Krallen wachsen zeitlebens nach.

Ein häufiger Gendefekt bei Meerschweinchen sind überzählige Zehen an den Hinterfüßen. Meist sind es seitlich angesetzte Zehen, die zwar im vorderen Bereich eine Kralle haben, aber häufig nur durch ein sehr dünnes Stück Haut mit dem Fuß verbunden sind. Wenn diese Zehen sehr locker hängen, besteht die Gefahr des Abreißens, sie sollten von einem Tierarzt entfernt werden. Die Fußballen der Meerschweinchen sind nackt und mit einer Lederhaut überzogen. Besonders bei übergewichtigen Schweinchen wächst diese Haut am Vorderfuß zur Seite weg und bildet dort eine Hornhaut, das sogenannte Ballenhorn.

Am Anfang der Verdauung steht die Futteraufnahme, bevorzugt in Form von Gras.

Der lange Grashalm wird mit den Backenzähnen zermahlen und dabei eingezogen.

Es dauert nur wenige Sekunden, bis der Grashalm komplett verschwunden ist.

Die Verdauung

Die Mundhöhle des Meerschweinchens wird in zwei Abschnitte unterteilt. Im vorderen „Nageraum" wird die Nahrung mit den Nagezähnen grob zerkleinert. Große Backenwülste teilen den hinteren „Kauraum" ab. Dort wird die Nahrung mit den Backenzähnen fein zerkleinert (zermahlen). Im Maul wird die Nahrung eingespeichelt und dann über die Speiseröhre in den Magen weitergeleitet. Im Magen (Fassungsvermögen bei erwachsenen Tieren ca. 20–30 ml) wird die Nahrung vermengt, mit verschiedenen Enzymen aufgespalten und übereinander geschichtet. Der Magen ist einhöhlig und dünnwandig und besitzt nur eine geringe Muskulatur. Innerhalb von 1–7 Stunden gelangt der Speisebrei vom Magen in den 12 cm langen Zwölffingerdarm. Am Zwölffingerdarm liegen der Gallengang und der Ausführungsgang der Bauchspeicheldrüse.

Der Darm des Meerschweinchens verfügt über eine geringe Muskulatur. Der Speisebrei wird nur in geringem Maß durch die Bewegung der Darmmuskulatur (Darmperistaltik) weitergeleitet, sondern in erster Linie durch nachkommende Nahrung. Er wird deshalb auch als „Stopfdarm" bezeichnet.

Im Anschluss an den Zwölffingerdarm (Duodenum) passiert der Speisebrei den Leerdarm (Jejunum) und den Krummdarm (Ileum), die zusammen 120 cm lang sind. Dort findet eine weitere enzymatische Aufspaltung des Speisebreis statt, gelöste Futterbestandteile werden aufgenommen, Eiweiße werden synthetisiert.

Der Blinddarm des Meerschweinchens (Zäkum/Caecum) ist ca. 15 cm lang. Er liegt gekrümmt (hufeisenförmig) an der Bauchwand an und wird in drei Abschnitte unterteilt. Im Blinddarm befinden sich Bakterien, die für die Aufspaltung und Bildung von Vitaminen lebenswichtig sind. Im Blinddarm wird ein spezieller Kot durch Vitamine und Eiweiß angereichert. Dieser Blinddarmkot macht etwa

30 % des Kotes aus. Er passiert den Dickdarm unverändert und wird vom Meerschweinchen direkt am Anus wieder aufgenommen. So versorgen sich Meerschweinchen mit Eiweißen und verschiedenen Vitaminen. Es finden sich im Zäkum hauptsächlich anaerobe und grampositive Bakterien (Kokken, Lactobacillen). Die Darmflora hat im Idealfall einen basischen pH-Wert von etwa 8–9. Im Dickdarm (ca. 80 cm lang) werden die Nährstoffe aufgenommen, Wasser wird entzogen. Die gesamte Darmpassage kann etwa 5 Tage dauern!

Die Ausscheidung stickstoffhaltiger Endprodukte des Stoffwechsels geschieht durch die Nieren, Harnleiter, Harnblase und Harnröhre.

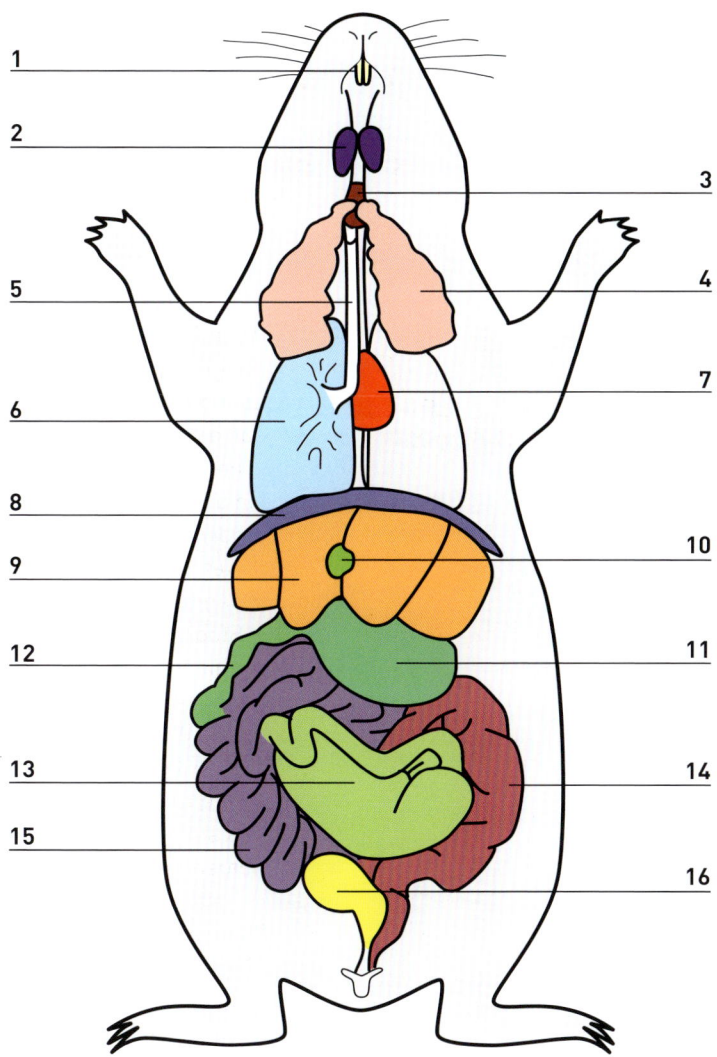

Legende:

1 Schneidezähne	**5** Luftröhre	**9** Leber (vierteilig)	**13** Blinddarm
2 Lymphdrüsen	**6** Lungen beidseitig	**10** Gallenblase	**14** Dickdarm
3 Kehlkopf	**7** Herz	**11** Magen	**15** Dünndarm
4 Speicheldrüsen	**8** Zwerchfell	**12** Zwölffingerdarm	**16** Blase

Optische Erscheinung

„Fellkartoffeln" ist eine der vielen liebevollen Bezeichnungen, die Heimtierhalter für ihre Meerschweinchen haben. Und tatsächlich erinnert ihr plumper Körperbau an eine Kartoffel. Meerschweinchen haben eine durchgehend ovale, runde bis birnenförmige Körperform. Der Körper fühlt sich fest und kompakt an. Der Hals ist nicht zu erkennen, der Körper scheint direkt in den Kopf überzugehen. Beim Laufen erscheint das Tier waagerecht. Meerschweinchen verfügen über sehr kurze Beine, deren Anatomie auf kurze Sprints und langsames Laufen ausgelegt ist. Sie laufen nur kurze Strecken und Klettern und Springen gehört auch nicht zu ihren Stärken.

Größe und Gewicht

Meerschweinchen haben eine durchschnittliche Körperlänge von etwa 20–35 cm. Weibchen wiegen zwischen 700–1 200 g und Böckchen sind etwas schwerer, sie können zwischen 800 und 1 600 g wiegen. Cuymixe (siehe Seite 181) können sogar noch schwerer werden. Es gibt also kein Idealgewicht für Meerschweinchen, allein die Proportionen entscheiden darüber, ob ein Tier zu schlank oder zu massig ist. Fühlt sich das Tier knochig an, ist die Wirbelsäule leicht zu ertasten oder zu sehen, steht das Becken spitz hervor, wirkt das Gesicht eingefallen und spitz, dann ist das Meerschweinchen eindeutig untergewichtig. Es ist abzuklären, ob Erkrankungen oder Darmparasiten vorliegen. Die Ernährung muss überdacht werden. Fette und Proteine dürfen nicht fehlen.

Fühlt sich das Tier sehr schwammig an, hat es ein starkes, hängendes Doppelkinn (eine Wamme), ist es nicht mehr möglich, unter dem Tier durchzuschauen, wenn es läuft, weil der Bauch bis zum Boden hängt, hat es Fettwulste an den Seiten, biegen sich die Hinterfüße stark zur Seite weg oder sind fehlgestellt, bildet es Hornhaut an den Fußaußenseiten, dann ist es vermutlich stark übergewichtig und die Ernährung sollte überdacht werden. Ausnahme: Tragende Weibchen sind sehr rund und bilden auch Hornhaut aus. Weibchen mit großen Eierstockzysten (siehe Seite 164) wirken mitunter übergewichtig. Jüngere, ausgewachsene Tiere zwischen 1,5 und 4 Jahren sind häufig sehr schwer und groß. Ältere Tiere ab 5–6 Jahren nehmen oft etwas ab, dies kann aber auch krankheitsbedingt sein.

Auf ihren sehr kurzen Beinchen können Meerschweinchen erstaunlich schnell sein.

Dieses ältere Meerschweinchen ist etwas struppig und mager, aber immer noch fit.

Fell und Behaarung

Meerschweinchen sind fast überall am Körper dicht behaart. Die Ohren wirken nackt, sie haben nur einen dünnen Flaum. Ein kleiner Bereich direkt hinter den Ohren, die Füße und Gelenkinnenseiten sowie die Innenseite der Oberschenkel und die Genitalien sind haarlos oder haben ebenfalls nur einen dünnen Flaum. Die Haare wachsen ständig, etwa 3 bis 5 mm in der Woche. Bei kurzhaarigen Meerschweinchen werden die längeren Haare regelmäßig etwa alle 2 bis 3 Wochen abgestoßen und neue Haare wachsen nach. Bei langhaarigen Meerschweinchen findet ein solcher Haarwechsel wesentlich seltener statt. Einen jahreszeitlich bedingten Fellwechsel gibt es nicht. Tiere in Winterkaltstallhaltung bilden jedoch ein dichteres Fell aus.

Die einzelnen Haare der kurzhaarigen Meerschweinchen sind ca. 3 cm lang. Bei langhaarigen Tieren kann das Fell an einzelnen Stellen bis zu 10 cm und länger werden. Am Bauch ist es kürzer. Die einzelnen Haare können dreifach gebändert, „Agoutis" (Unterfarbe, Deckfarbe, Ticking), zweifach gebändert, „Argente" (Unterfarbe, Deckfarbe) oder Vollfarbe (Deckfarbe) sein.

Rassen

Meerschweinchen gibt es mittlerweile in so vielen Farben, Fellarten und sogar in verschiedenen Größen, dass es allein zu dem Thema viele Bücher gibt. Es ist also nicht möglich, in diesem Buch alle Rassen vorzustellen. Anders als beispielsweise Kaninchen zeigen die unterschiedlichen Rassen keine Größenunterschiede. Lediglich die sogenannten Cuymeerschweinchen, die ursprünglich in Peru als Masttiere gezüchtet wurden, werden wesentlich größer als die normalen Meerschweinchen. Sie können bis zu 3 kg, Cobayos bis 4 kg auf die Waage bringen, normal sind um die 3 kg oder weniger. Sie haben eine geringere Lebenserwartung und sind stressanfälliger als normale Meerschweinchen.

Die meisten Fellvarianten gibt es in einfarbig, zweifarbig und dreifarbig. Züchter unterscheiden nach Farben und Fellarten. Bei den Vollfarben ist das Fell durchgefärbt. Es gibt aber auch verschiedene Fellzeichnungen:

Agoutis In verschiedenen Farben gebänderte Haare, das Unterfell ist anders gefärbt.
Schildpatt Rotschwarze Meerschweinchen, auch mit Weiß.

Bei diesem Lunkarya steht das bunte Fell wild und lockig in alle Richtungen ab.

Ein Schildpattmeerschweinchen mit nicht ganz optimaler Farbverteilung.

Dieses schöne und dekorative Silberagouti schaut recht neugierig in die Welt.

Käse mag dieses Tierchen nicht, obwohl es ganz deutlich ein Holländer ist.

Brindle Wirken gestromt.

Japaner Streifenbildung im Fell.

Magpie Drei verschiedene Farbfelder in Weiß, dunkel und dunkel-weiß-melierte Farbfelder.

Holländer Ovale Kopfflecken auf weißem Grund um Auge und Ohr, die im Nacken ineinander übergehen, ein weißes Band um den Brustbereich, Hinterteil in der gleichen Farbe wie die Kopfflecken.

Himalaya Helles Fell mit einem dunklen Fleck auf der Nase und dunklen Ohren.

Marder Dunkle Kopfmaske.

Vollfarben Rot, Gold, Creme, Safran, Buff, Weiß, Schwarz, Schokolade, Slate Blue, Lilac,

Beige und Agoutifarben Solidagouti, Goldagouti, Orangeagouti, Silberagouti, Cinnamonagouti, Grauagouti, Cremeagouti, Salmagouti.

Fellstruktur

Das Fell der Meerschweinchenrassen kann auch verschiedene Strukturen und Längen in verschiedenen Farbkombinationen aufweisen.

Glatthaarmeerschweinchen, Englisch Kurzhaar Kurzes, glatt anliegendes Fell. Schopfmeerschweinchen: Kurzes, glattes Fell und ein Wirbel auf dem Kopf. American Crested: Kopfwirbel weiß. Englisch Crested: Kopfwirbel in Fellfarbe.

Rosettenmeerschweinchen (Abyssinian) Kurzes Fell mit Wirbeln über den ganzen Körper verteilt. Acht Rosetten, zwei auf der Hüfte, zwei auf der Hinterhand und zwei auf dem Rücken und zwei in Schulterhöhe.

Rexe und US Teddys Sehr kurzes, drahtig gekräuseltes und abstehendes Fell.

Ridgeback Kurzes, glattes Fell mit einem Kamm auf dem Rücken.

Curly Kurzes, kraus gelocktes Fell mit zwei Hüftrosetten.

Shelties Langes und glatt fallendes Fell.

Coronets Langes, glattes Fell und einen Wirbel auf dem Kopf.

Angoras Langes, glattes Fell mit Wirbeln über den Körper verteilt wie Rosetten.

Peruaner verfügen über langes Fell, zwei Wirbel an der Hüfte und über eine wilde Tolle.
Das Fell am Kopf dieses Peruaners wurde gekürzt, damit es nicht in die Augen fällt.

Peruaner Langes, glattes Fell, in der Hüfte zwei Wirbel, dadurch entsteht ein ausgeprägter Pony, weil das Fell nach vorne fällt.
Merino Langes, gewelltes Fell und einen Wirbel auf dem Kopf.
Lunkarya Langes, raues, gewelltes Fell mit Wirbeln.
Texel Langes, gelocktes Fell. Sie entstanden aus Kreuzung von Sheltie und Rex.
Mohair Langes, gelocktes Fell mit Wirbeln.
Alpaka Langes, gelocktes Fell, zwei Wirbel in der Hüfte, wodurch Fell nach vorne fällt.

Die meisten Meerschweinchen sind allerdings nicht sehr regelkonform. Viele Haustiere entstehen durch zufällige Verpaarungen unterschiedlicher Rassen und weisen damit auch unterschiedliche Merkmale auf. Ihr Fell weist unterschiedliche Farben und Fellstrukturen auf und die Rosetten sind an unterschiedlichen Stellen am Körper verteilt. Sie sind einfach nur tolle, bunte und witzige Hausmeerschweinchen.

Physiologische Daten

Körpertemperatur: 37,4–39,5 °C Bei Stress stark schwankend.
Atemfrequenz: 100–150 Atemzüge pro Minute
Herzfrequenz: 230–380 Schläge pro Minute
Blutdruck: 50–65 mm (Hg)
Gewicht: Weibchen 700–1 200 g, Böcke 800–1 600 g
Futterverbrauch: Trockenmasse (nach Wasserentzug) 10–16 g je 100 g Körpergewicht
Wasserverbrauch: ~10 ml je 100 g Körpergewicht
Geschlechtsreife: Abgeschlossene Geschlechtsreife mit 8–10 Wochen. Frühreife ab dem Ende der 3. Lebenswoche.
Zuchtreife: Ab dem abgeschlossenen dritten Lebensmonat und ab etwa 700 g.
Ausgewachsen: Etwa mit 8 Monaten abgeschlossene Entwicklung.
Geschlechtszyklus: 14–18 Tage
Lebenserwartung: Etwa 5–8 Jahre

Die Sinne der Meerschweinchen

Die Sinneswahrnehmungen unserer Heimtiere unterscheidet sich sehr von der menschlichen Wahrnehmung. Sie können besser riechen, orientieren sich an Gerüchen, hören besser, können dafür aber schlechter sehen. Sie haben einen sehr guten Tastsinn und ihr Geschmackssinn ist ebenfalls gut ausgeprägt. Sie leben in einer ganz anderen Welt als wir und so ganz werden wir ihre Welt wohl nie verstehen.

Schnuppernasen – die Welt der Düfte

Einer der wichtigsten Sinne für Meerschweinchen ist der Geruchssinn. Mit ihrer Nase erschnuppern sie leicht, welche Futtermittel fressbar sind und welche nicht. Sie erkennen ihre Artgenossen und Freunde am Geruch, sogar deren Gemütszustand ist für sie über den Duft zu erkennen.

Die Nase der Meerschweinchen ist verhältnismäßig groß. Sie verfügt im Inneren über ein sensibles Geruchsorgan (Organum olfactus), das mehr als 1 000 unterschiedliche Rezeptoren hat

(der Mensch hat knapp 400). Jeder einzelne spricht auf einen bestimmten Geruch an. Damit können Meerschweinchen sehr viele unterschiedliche Geruchsmuster unterscheiden. Wenn ein Meerschweinchen etwas genauer untersuchen möchte, fängt es an zu „schnüffeln", um mit dem so entstehenden Luftzug mehr Luft und somit mehr Duftmoleküle zum Geruchsorgan zu leiten.

Der Geruchssinn der Meerschweinchen ist also wesentlich stärker ausgeprägt, als der des Menschen. Sie können sogar verschiedene Gräser am Geruch erkennen und diese in getrocknetem Zustand aus einem Heuberg mithilfe ihrer Nase selektieren. So könnten sie also auch mit geschlossenen Augen genau feststellen, was sie fressen können und was nicht.

Duftdrüsen

Meerschweinchen markieren ihre Umgebung mit ihren Duftdrüsen. Sie verfügen allerdings nur über wenige Duftdrüsen und markieren nicht sehr intensiv. Beim Bock befindet sich unterhalb des Afters zwischen Anus und Hoden eine große Hauttasche. Sie enthält zwei Perinealdrüsen (saccus perinei), die eine stark duftende, ölige Flüssigkeit absondern. Mit dieser Drüse rutscht das Meerschweinchen über den Boden, um das Revier zu markieren. Böcke markieren auch ihre Weibchen beim Deckakt damit. Diese Drüsentasche ist gerade bei älteren Böcken häufig verschmutzt, es sammelt sich Streu und Unrat darin. Die Geruchsentwicklung beim Reinigen dieser Tasche ist unbeschreiblich und für uns Menschen ist es kaum vorstellbar, dass Meerschweinchen diesen „Duft" gern riechen. Beim Weibchen ist diese Drüsentasche ebenfalls angelegt, aber nur sehr schwach ausgeprägt.

Etwa 1 cm oberhalb des Afters liegt die Kaudaldrüse (glandula caudalis). Sie ist als kleine Erhebung zu ertasten. Es handelt sich um eine ovale Region mit meist stark pigmentierter Haut. Mitunter kann sie auch verklebt sein, wenn die Drüsen stark sekretieren. Diese Drüse produziert ebenfalls Duftstoffe, vor allem Pheromone, also Sexuallockstoffe. Die Drüse von Böcken ist etwas ausgeprägter als die der Weibchen. Aber gerade bei den Weibchen ist sie für die Männchen von großem Interesse, denn ihr Geruch verrät, ob das Weibchen paarungsbereit ist. Der für Meerschweinchennasen angenehme Duft soll auch das Hinterherlaufen der Tiere fördern.

Schweinische Blickwinkel

Die Augen der Meerschweinchen sind sehr groß, rund und normalerweise braun/schwarz. Je nach Rasse können sie aber auch rot bis brombeerfarben sein. Sie sind seitlich am Kopf angebracht, wodurch sie einen relativ weiten Gesichtskreis von 340° haben. Sie sehen also, ohne sich zu drehen, fast im Kreis, nur direkt vor ihrer Nase ist ein kleiner, toter Winkel und im Nacken. Ihr räumliches Sehvermögen ist dadurch allerdings stark eingeschränkt. Sie gelten außerdem als kurzsichtig und können weiter entfernte Gegenstände nicht mehr gut erkennen. Dafür nehmen sie jede Bewegung in ihrer Umgebung üblicherweise sofort wahr. Meerschweinchen können Farben, vor allem Rot, Grün, Gelb und Blau, gut voneinander unterscheiden. Aber sie sehen diese Farben ganz anders als wir, denn sie verfügen nur über zwei Farbrezeptoren im Auge, den S-Zapfen für Blau/Blauviolett und den M-Zapfen, der einem gelbgrünen Farbspektrum entspricht. Ihnen fehlt der L-Zapfen für Licht im langen Wellenbereich, welches einem rötlichen Licht entspricht. Anders als Menschen können sie Farben im ultravioletten Bereich gut wahrnehmen.

Das typische Hintereinanderherlaufen wird durch die Duftdrüsen gefördert.

Meerschweinchen beobachten ihre Umgebung immer sehr aufmerksam.

Kühlschranktür? Gemüsefach? Dieses kleine Schweinchen hat etwas sehr Interessantes gehört.

Sie verfügen über mehr Stäbchen im Auge als wir Menschen. Diese Stäbchen sind lichtempfindlich, je mehr vorhanden sind, umso besser kann Restlicht eingefangen und genutzt werden. Meerschweinchen können also auch in der Dämmerung noch sehr gut sehen.

Wir hören alles

Während die Wildform unserer Hausmeerschweinchen über trichterförmige, kleine Ohrmuscheln verfügt, die den Schall perfekt in das Ohr leiten, haben unsere Haustiere häufig große Schlappohren. Doch trotz dieser kleinen Einschränkung hören sie damit recht gut. Das müssen sie auch, denn Meerschweinchen kommunizieren sehr viel über ihre Lautsprache miteinander und schließlich soll diese vom Artgenossen gehört werden. Sie nehmen Töne in einem Frequenzbereich von 16 bis 33 000 Hertz wahr, einige Quellen gehen sogar davon aus, dass sie Töne bis 45 000 Hertz registrieren. Vor allem ihre Warnrufe und die Rufe von Jungtieren sind teilweise sehr hoch, sie liegen also in Bereichen, die wir nicht mehr hören. Das könnte erklären, warum die ganze Schweinebande plötzlich hysterisch wegläuft, obwohl wir nichts gehört haben und uns wundern, was da los ist.

Tasten und Fühlen

Meerschweinchen verfügen über Tasthaare, die sogenannten Vibrissen. Diese sind an verschiedenen Stellen des Kopfes zu finden, vor allem in Gruppen neben der Nase und dem Maul, aber auch über den Augen und an den Backen. Diese Vibrissen haben an ihren Enden sehr empfindliche Nerven. Sie bestehen bei normalen Meerschweinchen aus härteren und häufig schwarzen Haaren. Berührt nur ein Tasthaar einen Gegenstand oder einen Artgenossen, gibt dieser Nerv einen entsprechenden Reiz an das Gehirn weiter und das Meerschweinchen weicht sofort aus. Unter Zuhilfenahme der Tasthaare kann ein Meerschweinchen erkennen, ob eine Öffnung groß genug ist, um hindurchzuschlüpfen. So können sie sich im Dunkeln relativ gut orientieren.

Bedauerlicherweise sind die Vibrissen bei einigen Rassen nicht mehr vorhanden, verkürzt, gewellt oder verändert. Dadurch können sie ihre Funktion nicht mehr erfüllen und das schöne Rassetier ist eines seiner wetvollen Sinne beraubt.

Auch die Fußsohlen der Meerschweinchen verfügen über sehr empfindliche Nerven. Beim Auftreten nehmen die Tiere unterschiedliche Untergründe wahr und können auch erkennen, ob ein Untergrund fest ist. Betreten Meerschweinchen einen für sie sehr ungewohnten Bodengrund, kann man manchmal sogar sehen, dass sie irritiert ihre Vorderbeine schütteln und trippeln.

Schmecken

Meerschweinchen verfügen über einen ausgeprägten Geschmackssinn. Sie unterscheiden ihre Nahrung nicht nur über Duftstoffe, sondern auch über viele Geschmacksrezeptoren im Maul. Vorhanden sind dort vermutlich Rezeptoren für bitter, sauer, salzig und süß. Ob und welche Rezeptoren in welcher Menge vorhanden sind, konnte bisher nicht eindeutig geklärt werden. Sie bevorzugen allerdings keine süßen Futtermittel, bittere Nahrungsmittel werden hingegen gern genommen. Scharfes wird gemieden, dies löst einen Schmerzreiz aus, den die Tiere deutlich wahrnehmen. Der Geschmackssinn wird bereits im Mutterleib geprägt. Babys fressen schon bald nach der Geburt am liebsten die Nahrungsmittel, die von der Mutter während der Trächtigkeit besonders oft verzehrt wurden.

Auch mit Schlappohren hört ein Meerschweinchen immer noch sehr gut.

Mit seinen empfindlichen Fußsohlen hat er sofort erkannt, dass er über Gras läuft.

Meerschweinchenverhalten

Verhaltensunterschiede

Domestizierte Meerschweinchen unterscheiden sich in einigen Bereichen sehr von ihren wilden Verwandten. Aber ihre laute Sprache und viele Verhaltensweisen sind gleich geblieben.

Anpassung an neue Lebensbedingungen

Im Lauf der Domestikation haben die Meerschweinchen sich sehr an ihre neuen Lebensbedingungen angepasst. Ihr Verhalten und ihre Bedürfnisse unterscheiden sich von denen ihrer wilden Verwandten. Viele Verhaltensweisen, die das Überleben in freier Wildbahn sichern, zeigen unsere Heimtiere nur noch eingeschränkt. Beispielsweise sind sie ruhiger geworden. Sie schenken ihrer Umgebung nur noch wenig Aufmerksamkeit, da sie normalerweise keine Fressfeinde mehr haben und ihr Umfeld sicher ist. Deshalb richten sie sich seltener auf und sie schnuppern seltener in die Luft, um Veränderungen festzustellen oder Feinde rechtzeitig zu riechen. Hausmeerschweinchen sind nur noch mäßig neugierig.

Während ihre wilden Verwandten darauf angewiesen sind, abenteuerlustig die Welt zu erkunden, um neue Futterquellen oder neue Schlafplätze und Reviere zu erschließen, damit die Gruppe expandieren kann, sind unsere Heimtiere häufig wenig an Veränderungen interessiert und so manch ein Meerschweinchen verlässt sein Gehege kaum freiwillig. Während Wildmeerschweinchen also häufiger ihren Lebensraum überprüfen, erkunden und sichern, begnügen sich unsere Heimtiere damit, hin und wieder mal zu schauen, ob noch alles am Platz ist. Ansonsten steht die Futteraufnahme im Vordergrund.

Neue Fähigkeiten

Allerdings haben unsere pelzigen Mitbewohner nicht nur Verhaltensweisen aufgegeben oder verloren, sie haben sogar Fähigkeiten hinzugewonnen. Sie werden früher geschlechtsreif und die Weibchen können ganzjährig Junge austragen. Wildmeerschweinchenböcke erreichen ihre Geschlechtsreife erst mit über 3 Monaten. Hausmeerschweinchen sind viel sozialer als ihre wilden Artgenossen. Dies ist eine der wichtigsten Anpassungen an die Heimtierhaltung. Da es üblich ist, die Tiere in größeren Gruppen und auf relativ engem Raum zu halten und Böcke bei der Gruppe bleiben, mussten die Tiere lernen, neue Sozialstrukturen aufzubauen. Bei wildlebenden Meerschweinchen werden keine weiteren Böcke vom Leitbock in der Gruppe geduldet. Sie zeigen oft offensiv aggressives Verhalten. Rangkämpfe kommen häufig vor. Beim Hausmeerschweinchen sind unter bestimmten Umständen sogar reine Bockgruppen oder Gruppen mit mehreren Böcken und Weibchen möglich. Kämpfe um die Rangordnung gehen meist glimpflicher ab und kommen seltener vor. Die Tiere finden sich mit niedrigen Rängen ab und fügen sich meist schnell in die Rangordnung ein. Hausmeerschweinchen sind viel toleranter gegenüber Körperkontakt als Wildmeerschweinchen. Sie können eng aneinander stehend fressen ohne große Auseinandersetzungen, Wildmeerschweinchen boxen viel schneller um sich, wenn ihnen ein Artgenosse zu sehr auf den Pelz rückt.

Unsere Hausmeerschweinchenböcke müssen sich mehr anstrengen, wenn es um die Liebe geht. Sie umwerben ihre Weibchen wesentlich häufiger und viel intensiver als ihre wilden Artgenossen. Das ist auch nötig, damit ihnen die Weibchen nicht von mit im Gehege wohnenden Böcken ausgespannt werden.

Domestizierten Böcke sind also wesentlich unempfindlicher gegen Stress. Ihr Testosteronspiegel steigt zwar durch die vielen sozialen Kontakte, aber dafür schütten sie weniger Cortisol (ein Stresshormon) aus. Sie bleiben also in jeder Situation ruhiger und gelassener. Das färbt auf das Gruppenverhalten der Weibchen ab, sie verhalten sich ebenfalls sozialer und reagieren weniger auf Stress.

Dadurch, dass unsere Heimtiere mit weniger Stress und Abwechslung leben müssen, hat sich ihr Hirnvolumen allerdings um etwa 13% verringert. Aber auch das kann von Vorteil sein, so sind sie nicht gezwungen, den ganzen Tag über wichtige Entscheidungen nachzudenken.

Unsere Heimtiere haben gelernt, zu teilen und können friedlich zusammenleben und fressen. Allerdings werden besonders beliebte Futtermittel durchaus energisch verteidigt.

Laut- und Körpersprache

Das Leben in einer Gruppe erfordert eine Kommunikationsstruktur. Meerschweinchen besitzen eine komplexe Lautsprache, die sie von den meisten Nagern unterscheidet. Dazu kommt eine ausgeprägte Körpersprache, die alle Gruppenmitglieder beherrschen müssen. Wer Meerschweinchen intensiv beobachtet, ist bald in der Lage, zumindest einen Teil ihrer Sprache zu verstehen.

Lautsprache

Alle Meerschweinchen beherrschen von Geburt an die meisten Laute. Sie können Warnlaute ausstoßen, quieken und purren. Aber die Feinheiten der Meerschweinchensprache lernen sie nur im Umgang mit anderen Meerschweinchen. So lernen Jungtiere zum Beispiel, wann es angemessen ist, zu pfeifen, wie laut die entsprechenden Rufe sein müssen und wie lange sie abgegeben werden. Einen Teil der Lautsprache können wir verstehen und einordnen, die Feinheiten werden uns Menschen wahrscheinlich eher verborgen bleiben.

Lautes Pfeifen, Quieken

Ein sehr lauter Pfeifton, der stoßweise und meist nur kurz ausgestoßen wird. Ursprünglich dienen laute Pfiffe als Warn- und Verlassenslaute. Meerschweinchen stoßen schrille Pfiffe aus, um ihre Artgenossen vor einer Gefahr zu warnen. Diese Gefahr kann real sein, also beispielsweise ein Mensch, der sie einfangen will, oder in freier Wildbahn ein sich nähernder Feind, wie z. B. ein Greifvogel oder ein Fuchs. Es kann aber auch etwas sein, was dem Meerschweinchen gefährlich erscheint, beispielsweise ein unbekanntes Geräusch. Alle Meerschweinchen einer Gruppe bringen sich sofort in Sicherheit, wenn ein Tier diesen Warnpfiff ausstößt – und meist pfeifen alle mit. Sind einzelne besonders ängstliche Tiere in einer Gruppe, kann das durchaus dazu führen, dass die ganze Gruppe sehr häufig flüchtet und unruhig ist.

Es werden ähnliche Pfiffe ausgestoßen, wenn Jungtiere ihre Mutter verloren haben oder Tiere die Gruppe aus den Augen verlieren. Üblicherweise antworten andere Gruppenmitglieder auf diese Pfiffe und beruhigen die Jungtiere und die Ängstlichen.

Unsere Heimtiere fanden noch eine weitere sinnvolle Nutzung: Sie rufen so ihren Halter, damit dieser sie füttert, und „warnen" gleichzeitig ihre Artgenossen davor, die Fütterung auch ja nicht zu verpassen. Viele Schweinchen quieken schon los, wenn sie die typischen Geräusche aus der Küche hören, die der Fütterung vorangehen. Klappert der Halter mit der Futterschüssel oder raschelt eine Gemüsetüte, ist sofort ein lautes Pfeifen aus dem Gehege zu hören. Bekommen die Meerschweinchen ihre Mahlzeiten zu ganz bestimmten Zeiten, dann stehen sie nicht nur pünktlich am Gehegerand oder Futternapf, sondern starten das Pfeifkonzert fast auf die Minute genau.

Ein sehr schrilles Pfeifen ist zu vernehmen, wenn die Meerschweinchen große Angst oder sogar Panik haben. Beim Tierarztbesuch kann man es oft hören. Schon der Anblick der Krallenschere kann bei besonders ängstlichen Tieren zu so einer Lautäußerung führen.

Leises Quiezen oder Muckern

Ein relativ leises Quieken bis Pfeifen, teilweise ein Muckern. Wenn Meerschweinchen aufeinandertreffen, zusammen fressen oder gemeinsam in einem Unterschlupf liegen, dann ist häufig ein leises Quieken oder leises Mu-

ckern zu hören. Sie machen damit ihr Gegenüber darauf aufmerksam, dass sie da sind. Es zeigt auch den Beginn von Interaktion miteinander an. Manche Meerschweinchen kommentieren jeden ihrer Schritte mit einem leisen Muckern. Es wird sogar scherzhaft behauptet, damit würden die Tiere jedem anderen mitteilen wollen, wo sie sich gerade befinden. Diese Geräusche wirken fröhlich und ausgeglichen. Es macht den Anschein, als würde es den Meerschweinchen, die leise muckern, gut gehen.

Lautes Quiezen

Das laute Quiezen ist ein kaskadenartig an- und abschwellendes Quieken. Es klingt wie ein zu schnell ablaufendes Tonband. Es ist ein sehr schrilles, zum Teil durch lautes Gurren unterbrochenes Gezeter. Dabei handelt es sich um eine Art „Diskussion": Die Meerschweinchen haben ein Problem miteinander und streiten sich. Aber es ist noch kein ernsthafter Streit, es sind eher Meinungsverschiedenheiten. Normalerweise geht es darum, wer wo liegen darf oder wer das letzte Gurkenstück bekommt. Häufig nehmen mehrere Weibchen einer Gruppe an solchen Diskussionen teil, mitunter sogar die ganze Gruppe.

Betteln, das können Meerschweinchen besonders gut und dabei quiezen sie laut.

Das Gezeter kann lange anhalten, denn Meerschweinchen streiten gern und ausdauernd.

Brommseln, wiegender Gang – ein ganzer Kerl!

Brommseln (Brummen)

Das Brommseln ist ein knatterndes, brummendes, teils gurrendes Geräusch. Mit dem Brommseln macht vor allem das Männchen Partnerinnen auf sich aufmerksam. Es gehört zur Brautwerbung. Weibchen, die in der Brunft sind, brommseln auch. Böcke brommseln ebenfalls, wenn andere Rudelmitglieder sich streiten, sie gehen dann regelrecht dazwischen und versuchen, diese brummend zu beruhigen. Das Brommseln wird am Anfang eines Streites verwendet, um die Situation zu deeskalieren. Manche Böcke brommseln allerdings bei jeder Gelegenheit, vor allem in Bockgruppen, dafür nutzen sie manche andere Laute der Meerschweinchensprache nicht so häufig.

Gurren

Ein leises Brummen, fast ein Brommseln, aber viel leiser. Dieses leise Gurren wird leider sehr häufig mit dem Schnurren einer Katze verglichen, es hat jedoch eine völlig andere Bedeutung. Es ist ein Beruhigungslaut, mit dem das betreffende Meerschweinchen sich selbst und seine Umgebung beruhigen will. Wenn sich die Meerschweinchen im Gehege eher überraschend begegnen, also z. B. ineinander laufen, die gleiche Tür verwenden wollen oder sie gemeinsam am Futternapf stehen müssen, dann gurren sie häufiger. Sie versuchen damit, Gruppenmitglieder auf Abstand zu halten. Liegt ein Tier zu nahe an einem anderen, wird leise gegurrt. Es ist also ein Zeichen dafür, dass der andere etwas tut, was ihm nicht gefällt. Insofern ist es ein freundlicher Versuch, ihn davon abzubringen. Das Gurren zeigt manchmal auch an, dass ein Meerschweinchen leicht gestresst ist.

Meerschweinchen versuchen, „ihren" Menschen zu beruhigen, wenn er etwas tut, was sie nicht möchten. Sie lassen das Gurren vor allem hören, wenn sie gestreichelt werden oder beim Gesundheitscheck. Sie zeigen damit, dass der Mensch aufhören soll.

Cirpen oder Zirpen

Das Cirpen klingt, als würde ein Vogel sehr eintönig und stoßweise zwitschern. Wildlebende Meerschweinchen scheinen auf diese Art und Weise Stress abzubauen, sie cirpen öfter. Unsere Hausmeerschweinchen lassen das Cirpen nur selten hören. Sie vertragen mehr Stress und benötigen es nicht so häufig zum Stressabbau. Manchmal ist es in der Dämmerung oder nachts zu hören. Das cirpende Meerschweinchen steht unter Stress, dafür kann es viele Ursachen geben: Es ist bei einer Rangstreitigkeit unterlegen oder kann diese nicht zu Ende bringen, es ist in der Pubertät, Weibchen in der Brunft bei Rangstreitigkeiten, Krankheit oder Tod eines nahestehenden Artgenossen. Es fällt auf, dass die anderen Mitbewohner im Gehege in eine Art Starre verfallen und angespannt zuhören, wenn ein Meerschweinchen cirpt. Üblicherweise hören die Tiere auf zu cirpen, wenn der Besitzer nachschaut, was los ist, denn das lenkt sie ab. Es kam schon vor, dass die verzweifelten Tierhalter anschließend nach zufällig in der Wohnung eingesperrten/verirrten Vögeln gesucht haben, da sie nicht auf die Idee kamen, dass ihre Meerschweinchen solche Geräusche von sich geben. Das Cirpen ist also eher als etwas Unangenehmes zu werten: Versuchen Sie, herauszufinden, was den Stress auslöst, und helfen Sie dem Tier.

Zähneklappern

Die Meerschweinchen klappern dabei schnell mit den Zähnen, es ist ein gleichmäßiges, fast metallisch klingendes Geräusch und gilt häufig als Drohgebärde. Bei Streitigkeiten ist es ein Zeichen von Imponiergehabe. Es wird manchmal schon geklappert, wenn ein anderes Meerschweinchen zu nahe kommt. Auf sehr lautes Zähneklappern mit aufgestelltem Fell und tänzelnden Bewegungen folgt häufig ein Rangkampf.

Wird ein Mensch angeklappert, dann ist das eine Warnung. Hört dieser nicht mit dem auf, was das Meerschweinchen zum Klappern bringt, könnte ein Biss folgen. Leises Zähneklappern kann ein Zeichen für Schmerzen und starkes Unbehagen sein.

Zähnemahlen

Ein leises, mahlendes Geräusch. Die Backenzähne des Meerschweinchens wachsen ein Leben lang und müssen abgeschliffen werden. Als Zahnpflegemaßnahme mahlen Meerschweinchen manchmal in der Ruhephase ihre Backenzähne ab. Dabei fressen sie den Speisebrei weiter, den sie in ihrem Maul für später gebunkert hatten. Das Zähnemahlen ist auch eine Übersprungshandlung und kann Unsicherheit anzeigen. Bei Krankheit ist es auch ein Zeichen für Schmerzen und Stress.

Körpersprache

Neben der Lautsprache gibt es auch die Körpersprache. Mit diesem Repertoire an Verhaltensweisen und Körperhaltungen zeigen Meerschweinchen ihren Artgenossen ihr Befinden.

Leises Zähneklappern kann ein Zeichen für Schmerzen und starkes Unbehagen sein.

Wiegender Gang

Zum „Brommseln" (siehe Seite 28) gehört der typische „Brommselgang". Dabei bewegt sich das Meerschweinchen seitwärts mit wiegenden, tänzelnden Schritten auf das andere Meerschweinchen zu. Sie stellen sich seitlich und zeigen ihre ganze Breitseite, um größer zu wirken.

Dem Brommseln geht meist eine Art Flehmen voraus. Am Geruch des Weibchens erkennt der Bock, ob es paarungsbereit ist. Anschließend versucht er, seiner Partnerin mit seitlichem Tänzeln zu imponieren.

Bei Rangstreitigkeiten versuchen alle beteiligten Parteien, durch die seitliche Körperhaltung größer zu wirken. Bei Vergesellschaftungen oder beginnenden Rangstreitigkeiten bewegen sich die Tiere ebenfalls in diesen leicht wiegenden Seitwärtsschritten aufeinander zu. Die Aggression lässt sich daran erkennen, dass auch das Nackenfell gesträubt wird, was beim Werben oder bei leichten Problemen nicht der Fall ist.

Einige Böcke tänzeln recht häufig und brommseln sehr viel. Vermutlich sind das eher unsichere Gesellen, die Angst haben, ihren Rang zu verlieren, oder sie sind noch sehr jung und wollen erst einen Rang beziehungsweise einen eigenen Harem erlangen.

Aufreiten

Das Meerschweinchen steigt von hinten auf ein anderes Meerschweinchen auf. Dabei versucht es, sich mit den Vorderbeinchen auf dessen Rücken abzustützen. Das Aufreiten folgt häufig auf das Brommseln. Ist das Weibchen paarungsbereit, bleibt es stehen. Doch meistens laufen die Weibchen erst einmal zeternd davon, der Bock brommselt hinterher, versucht sein Glück erneut, reitet auf – und das Weibchen rennt wieder davon. Es braucht häufig einige Versuche, bis sie stehen bleibt und der Bock aufreiten kann. Ist das Weibchen empfängnisbereit, steigen die Böcke sehr häufig auf. Das Liebesspiel von Aufsteigen, Davon-

laufen, Zetern und wieder Aufsteigen kann über eine Stunde und länger andauern. Das Aufreiten bei gleichgeschlechtlichen Tieren hängt ebenfalls häufig mit dem Sexualtrieb zusammen.

Aufreiten ist jedoch auch Teil der Rangordnungsfindung. Bei Vergesellschaftungen versuchen die ranghöheren Tiere ihren Rang zu festigen, indem sie auf die unterlegenen Tiere aufsteigen. Üblicherweise ist der Rang geklärt, wenn das geklappt hat. Ranghohe Meerschweinchen zeigen ihre Dominanz beim Zusammentreffen mit rangniederen Meerschweinchen zum Teil sehr deutlich. Dominante Meerschweinchen verscheuchen ihre Artgenossen von den Futter- und Schlafplätzen. Die rangniederen Tiere müssen ausweichen und Platz machen. Weichen sie nicht aus, sondern gehen auf das ranghöhere Meerschweinchen zu, kann es schnell zu einer kleinen Rangelei kommen. Das ranghöhere Tier reißt das Mäulchen auf, klappert mit den Zähnen und vertreibt den Unterlegenen. Wird ein Tier zu dominant, kann es die ganze Gruppe schikanieren. Manchmal ist eine Gruppenneubildung nötig. Die streitenden Meerschweinchen müssen dann in getrennten Gruppen untergebracht werden, auch dominante Tiere dürfen nicht allein bleiben.

Ein frühreifer Babybock beim Aufreiten.

Beim Weglaufen gibt es kein Hindernis.

Weglaufen

Das Meerschweinchen rennt schnell in einen sicheren Unterschlupf. Ein kleines Geräusch, eine unbedachte Bewegung kann dazu führen, dass alle Meerschweinchen flüchten. Wenn ein Meerschweinchen rennt, rennen alle anderen mit. Es wird vermutet, dass die Tiere dabei Warnrufe im Ultraschallbereich abgeben. Denn die ganze Gruppe flitzt auch dann los, wenn einzelne Tiere vorher keinen Blickkontakt mit ihren Artgenossen hatten und sie die Ursache, die das Weglaufen ausgelöst hat, nicht wahrnehmen konnten.

Sehr schreckhafte Meerschweinchen scheinen regelrecht kopflos zu fliehen: Es kann dabei sogar passieren, dass die Tiere sich an harten Einrichtungsgegenständen die Schnauze anstoßen oder sich die Zähne ausschlagen.

Starre

Das Meerschweinchen sitzt mit aufgerissenen Augen, teils mit starker Flankenatmung, auf alle vier Füße abgestützt und aufrecht, jedoch unbeweglich auf einer Stelle. Wenn sich ein Meerschweinchen erschreckt oder große Angst hat und sich keine Fluchtmöglichkeit bietet, versucht es, bewegungslos zu verharren. Es hofft damit, vom Feind übersehen zu werden, da viele Feinde auf Bewegungen reagieren. Vor allem bei Rangkämpfen oder großer Unruhe im Gehege verfallen Meer-

schweinchen oft in diese Schockstarre. Üblicherweise löst sich das Tier innerhalb weniger Minuten aus seinem Schockzustand, sobald die Gefahr vorüber ist, und zieht sich dann in einen sicheren Unterschlupf zurück. Sensible Tiere verfallen schnell in eine Starre, bei ihnen löst sie sich allerdings nicht so schnell auf. Wenn im Gehege ein Tier häufig erstarrt, sollte die Gruppenzusammensetzung überprüft werden, möglicherweise ist das Schweinchen starken Angriffen in der Gruppe ausgesetzt.

Stillsitzen ist auch ein Zeichen der Unterwerfung. Unterlegene Tiere heben dabei ihren Kopf und quetschen sich in eine Ecke. Bei Platzmangel kann man beobachten, dass unterlegene Tiere von überlegenen häufig bestiegen werden. Dann verfallen die Unterlegenen in eine regelrechte Duldungsstarre, sie machen sich platt, schließen die Augen, sitzen ganz still und geben sich auf. Das gleiche Verhalten zeigen sie auch auf dem Schoß des Menschen, wenn dieser ihnen ausdauernd über den Rücken streichelt. Das platte Liegen mit geschlossenen Augen ist also kein Zeichen von Entspannung, es ist ein Zeichen von Kapitulation. Das Streicheln simuliert das Besteigen durch einen Artgenossen. Aus Sicht des Meerschweinchens wird es beim Streicheln also massiv von seinem Halter unterdrückt.

Die Kamera hat es erschreckt, starr wartet es ab.

„Du kommst hier nicht rein!" Mit hoch aufgerichtetem Kopf wird um das Haus gekämpft.

Verteidigung

Auch Fluchttiere wie Meerschweinchen verteidigen sich, wenn sie in die Enge getrieben
werden und keine Chance haben, zu fliehen.
Böcke stellen sich schützend vor ihre Gruppe
und versuchen, diese auch vor anderen Tieren
wie Hunden, Katzen oder Mardern zu verteidigen. Sie stellen sich dabei hoch auf, recken
den Kopf in die Höhe und beißen ruckartig zu.
Auch Weibchen zeigen dieses Verteidigungsverhalten, vor allem, wenn sie ihre Jungen beschützen. Das Verteidigungsverhalten ist auch
zu beobachten, wenn fremde Artgenossen im
Gehege erscheinen. Der Mensch wird selten
gebissen, die Tiere lernen schnell, dass ein
normales Handling nicht gefährlich ist, und
geben eher auf, als zu beißen. Manche Tiere
wehren sich allerdings auch mit Bissen. Meist
sind die Bisse harmlos und zwicken nur. Ist
ein Meerschweinchen aber richtig in Panik,
beißt es heftiger zu.

Mit dem Kopf schlagen

Das Meerschweinchen wirft den Kopf ruck-
artig in die Höhe. Dies ist eine Drohgebärde.
Damit halten sich die Meerschweinchen auf
Abstand. Kommt ein Tier zu nah heran, werfen
beide den Kopf hoch, manchmal wird dies
auch von einem kurzen Quieken begleitet.
Meist reicht diese Geste aus, um die Situation
zu klären, und die Tiere gehen auf Abstand.
Hin und wieder stehen sie sich aber auch eine
Weile gegenüber und drohen mit erhobenem
Kopf. Selten endet das mit einem ernsthaften
Streit und Zähneklappern. Manchmal wirft ein
Tier den Kopf hoch und das andere putzt es
am Hals oder unter dem Kinn. Für das Verhal-
ten gibt es zwei unterschiedliche Deutungen:
1.) Einige Forscher sagen, das unterlegene
Tier putzt das überlegene Tier am Hals, um
sich zu unterwerfen. 2.) Allerdings ist es wahr-
scheinlicher, dass das überlegene Tier den
Hals dargeboten bekommt, da dies eine sehr

empfindliche Stelle ist und Putzen im Allgemeinen auch nicht als sonderlich angenehm empfunden wird.

Beißen

Wenn es im Rangkampf ernst wird, beißen die Tiere zu. Solange sie sich gegenüberstehen, sind es meist nur angedeutete Bisse. Beim Zuschnappen besteht keine Verletzungsabsicht, dies ist eine reine Drohgebärde. Allerdings kann dies zu Verletzungen führen, vor allem an Nase, Augen und Ohren, da diese Bereiche nicht mit dichtem Fell geschützt sind. Anders sieht es aus, wenn ein unterlegenes Tier verfolgt und ständig gebissen wird. Dabei kommt es trotz dichtem Fell zu Verletzungen, die Tiere beißen mit Verletzungsabsicht. Die Situation zwischen den Tieren ist eskaliert.

Die Situation zwischen Mensch und Meerschweinchen ist nicht immer freundlich. Selbstbewusste Tiere versuchen durchaus, sich gegen den Menschen, der ihnen die Krallen schneiden möchte, zu wehren. Sie schnappen zu. Üblicherweise ist das eher ein harmloses Zuschnappen, das in der Regel nicht zu Verletzungen führt, allerdings kann es wehtun. Wenn ein Meerschweinchen richtig in Panik gerät, z. B. weil ihm Schmerzen zugefügt werden, sei es durch falsche Handhabung oder beim Tierarztbesuch, beißen die kleinen Tiere richtig zu – das kann sogar zu blutigen Verletzungen beim Menschen führen.

Gegenseitiges Putzen

Ein Meerschweinchen leckt dem anderen über Augen, Nase oder Ohren. Andere Körperteile werden fast nie geputzt.

Meerschweinchen betreiben keine intensive Fellpflege wie andere Nager. Es kommt extrem selten vor, dass ein Tier ein anderes putzt und wenn, dann eigentlich nur im Kopfbereich. Es ist nicht ganz klar, warum sie sich hin und wieder an den Augen oder der Nase lecken. Es könnte ein Zeichen von Zuneigung sein, vielleicht versuchen sie so, Artgenossen, die krank sind, zu beruhigen oder ihnen zu helfen. Das Putzen wird häufiger beobachtet, wenn das Tier, das geputzt wird, krank ist, es also Augenausfluss hat oder die Nase feucht ist. Das mitunter hingebungsvolle Putzen am

Selten wird ein Artgenosse nicht nur am Kopf beschnuppert, sondern auch abgeleckt.

Ohr scheint ein freundlicher Kontakt zu sein. Dies wird meist von älteren Tieren bei verängstigten Jungtieren oder verschreckten Artgenossen durchgeführt.

Fellpflege

Das Meerschweinchen leckt sich mit kurzen Bewegungen über Rücken, Bauch oder Anal-/Genitalbereich oder es putzt sich mit den Vorderpfoten am Kopf. Meerschweinchen putzen sich nicht sehr ausgiebig und betreiben keine so gründliche Fellpflege wie die meisten Nager. Sie säubern ihren After, nehmen dabei auch Blinddarmkot auf und sie putzen ihr Fell sporadisch. Vor allem ältere und übergewichtige Tiere vernachlässigen die Fellpflege häufiger, weil sie dazu nicht mehr in der Lage sind. Wenn die Tiere mit einer Situation überfordert sind und nicht wissen, was sie tun sollen, dann putzen sie sich ebenfalls kurz. Putzen ist also auch eine Übersprungshandlung.

Kuscheln

Die Schweine sitzen mit Körperkontakt oder dicht gedrängt in einem Unterschlupf. Bei erwachsenen Meerschweinchen ist das enge Beisammenliegen eher ungewöhnlich und ein Zeichen von Stress. Dieser Stress kann durch

Hier wird mal eben die Nase geputzt.

Babys kuscheln sich gern eng aneinander.

verschiedene Faktoren ausgelöst werden: Ein Hauptfaktor sind zu enge, beziehungsweise überfüllte Gehege sowie zu wenige oder zu kleine Unterstände. In großen Gehegen mit vielen größeren Häusern und anderen Unterschlupfen liegen Meerschweinchen ohne Körperkontakt zusammen. Körperkontakt wird auf der Flucht gesucht. Versucht ein Mensch, seine Meerschweinchen zu fangen, passen auch viele Tiere in ein Haus, um sich zu verstecken. Nur Babys und Jungtiere kuscheln sich aneinander. Babys liegen nur die ersten zwei bis drei Wochen bei der Mutter, dann werden sie selbstständig und gehen auf Abstand.

Luftsprünge, wildes Herumlaufen

Ruckartiges Hochspringen mit allen vier Füßen. Es wirkt fast so, als bekämen die kleinen Wesen Elektroschocks. Vielen Haltern drängt sich der Vergleich mit poppendem Popcorn auf, deshalb wird es in Liebhaberkreisen auch „popcornen" genannt.

Diese Sprünge können vom Meerschweinchen nicht bewusst gesteuert werden, sie sind eine Übersprungshandlung. Die Sprünge wirken fröhlich, übermütig und ausgelassen. Sie folgen meist auf positive Ereignisse wie Futtergaben, Gehegesäuberung, Beschäftigungsanregung, Auslauf auf der Wiese oder Ähnliches. Gerade Jungtiere popcornen sehr häufig und laufen zwischen den Sprüngen ausgelassen durch das Gehege. Vermutlich liegt es daran, dass sie sehr unsicher sind und vom Leben noch häufig überrascht werden. Ältere Tiere popcornen weniger.

In manchen Facharbeiten wird Bewegungsmangel als Grund für das Popcornen angegeben. Die Meerschweinchen würden damit ihre Muskeln trainieren. Das ist nicht ganz nachzuvollziehen, denn auch Tiere in sehr großen Gehegen mit viel Bewegung popcornen. In kleinen Gehegen wird das Popcornen allerdings möglicherweise häufiger durch soziale Kontakte ausgelöst.

Springt ein Meerschweinchen häufiger, begleitet von Quieken und Schütteln, kann das auch ein Zeichen von Parasitenbefall oder Krankheit sein.

Hintereinander herlaufen

Meerschweinchen, die ein neues Terrain erkunden, laufen im Gänsemarsch hintereinander her. Wilde Meerschweinchen nutzen Trampelpfade im hohen Gras, um an Futterstellen zu gelangen. Diese laufen sie im Gänsemarsch ab. Wird etwas Neues erkundet,

geht ein älteres, meist ranghohes Tier oder sogar der Leitbock voraus, die anderen Tiere folgen. Angeblich soll der Duft der Kaudaldrüse dieses Hinterherlaufen forcieren.

Wenn die Tiere schnell hintereinander herlaufen, wird entweder die Paarungsbereitschaft geprüft oder um die Rangordnung gekämpft.

Maul aufreißen

Die Meerschweinchen strecken sich und reißen ihr Maul auf. Die Tiere gähnen nach dem Aufstehen oder um einen Sauerstoffmangel auszugleichen. Es ist das gleiche Verhalten, das wir Menschen nach dem Aufstehen zeigen. Reißt ein Meerschweinchen beim Rangkampf das Mäulchen auf, dann ist das ein Zeichen für Unterwerfung.

Schnuppern

Die Tiere stehen still und schnuppern in die Luft. Sie riechen auch aneinander, an Gegenständen oder an Futter. Wenn Meerschweinchen mit erhobenem Kopf in der Luft herumschnuppern, versuchen sie herauszufinden, ob alles so riecht, wie es riechen muss, oder ob sich etwas Fremdes in der Nähe befindet. Böcke schnuppern auch, um paarungsbereite Weibchen auszumachen.

Er popcornt fröhlich durch seine kleine Welt.

Verlegenheitsputzen: „Soll ich hinterherlaufen?"

An neuen Futtermitteln wird sehr vorsichtig gerochen. Jungtiere schnuppern bei den Erwachsenen am Maul, um zu sehen, was diese gerade fressen, und klauen ihnen dann das Futter vor der Nase weg, da sie nun wissen, dass dies ungefährlich und genießbar ist. Tiere, die neu in eine Gruppe kommen und es mit vielen unbekannten Futtermitteln zu tun haben, zeigen das gleiche Verhalten. Neue Einrichtungsgegenstände werden vorsichtig beschnuppert, und wenn der Geruch zu fremd ist, wird dadurch ein Fluchtreiz ausgelöst.

Ignoranz

Das Meerschweinchen scheint neue Gruppenmitglieder oder Einrichtungsgegenstände zunächst zu ignorieren. Das ist ein typisches Verhalten: Es wird erst einmal so getan, als wären neue Dinge gar nicht da. Später laufen die Meerschweinchen wie zufällig ein paarmal daran vorbei, schauen aus den Augenwinkeln auf das neue Objekt (oder den neuen Freund) und schnuppern vorsichtig daran. Erst danach wird genauer hingeschaut. Neue Einrichtungsgegenstände hingegen können schon mal einige Tage lang ignoriert werden. Artgenossen forcieren den Kontakt und lassen sich nicht so leicht ignorieren. Dennoch kann es eine Weile dauern, bis die Tiere aufeinander treffen und

Rangkämpfe ausfechten. Deshalb ist es bei Vergesellschaftungen wichtig, für einen längeren Zeitraum dabeizubleiben, denn aus anfänglicher Ruhe und sogar gemeinsamem Fressen kann später noch ein heftiger Streit werden.

Urin spritzen

Weibchen heben den Po und verspritzen Urin, manchmal bis zu 80 cm weit. Wenn ein anderes Meerschweinchen, vor allem Böcke bei der Werbung, zu aufdringlich werden, dann werden sie vom Weibchen mit Urin bespritzt.

Mit dem Po über den Boden rutschen

Die Meerschweinchen rutschen mit dem Hinterteil über den Boden. In der Perinealtasche (siehe Seite 18 f.) besitzen die Meerschweinchenböcke Duftdrüsen. Mit dem Sekret aus den Drüsen markieren sie ihr Revier, indem sie mit dem Po über den Boden rutschen. Paarungsbereite Weibchen versuchen, ihren Duft zu verteilen, indem sie ihr Hinterteil am Boden reiben.

Auf der Seite liegen

Das Meerschweinchen liegt auf der Seite. Entspannte Meerschweinchen in sicherer Umgebung legen sich zum Schlafen auch mal auf

Es hat einen aufregenden Geruch wahrgenommen, das muss genauer untersucht werden.

Völlig entspannt auf der Seite liegend schlummert es neuen Abendteuern entgegen.

Wenn der Bock die Damen weiter so aufdringlich bebrommselt, könnte er bald nass werden.

die Seite. Ganz alte Tiere können dabei so tief einschlafen, dass sie selbst zur Fütterung nicht aufwachen. Wenn die Tiere vorsichtig geweckt werden, benehmen sie sich wieder ganz normal. Ist dies nicht der Fall, könnten sie erkrankt sein.

Besondere Verhaltensweisen

Kot fressen

Das Meerschweinchen sitzt in der Hocke, beugt sich vornüber und nimmt den Kot direkt am After auf. Manchmal dreht sich das Tier auch nach hinten, um den Kot aufzunehmen und zu fressen.

Meerschweinchen spalten im Blinddarm Vitamine (vor allem Vitamin B und K) und Proteine aus der Nahrung auf, die sie jedoch nicht sofort verstoffwechseln können. Sie produzieren einen speziellen, stark protein- und vitaminhaltigen Kot, den sogenannten Blinddarmkot. Dieser ist kleiner und glänzender als normaler Kot. Sie fressen diesen Kot, um die Nährstoffe wieder aufzunehmen. Werden sie daran gehindert, bekommen sie auf Dauer Mangelerscheinungen.

Würgen/Röcheln

Das Meerschweinchen sitzt auf einer Stelle, der Kopf zuckt vorwärts, die Tiere putzen sich am Maul und röcheln oder husten. Einige Meerschweinchen schlingen ihr Futter zu schnell hinunter und zerkleinern es nicht ausreichend. Dies passiert vor allem bei der Gemüsefütterung, aber auch bei hartem Futter wie Pellets. Diese Futterstücke können sich zwischen den hinteren Backenzähnen verklemmen und führen zu einem Husten- oder Würgereiz. Meistens bekommen die Meerschweinchen das selbst in den Griff, sie „greifen" mit ihren Hinterpfoten ins Maul und lockern das Futterstück oder würgen es hervor. Sehr selten dauert das Röcheln mehrere Minuten lang oder länger. Wirkt das Tier verzweifelt, weil es das Futter nicht lösen kann, dann sollten Sie ihm helfen. Versuchen Sie, das Futter zu lockern, ein dünner Teelöffelstiel kann dazu verwendet werden. Schieben Sie diesen vorsichtig von der Seite hinter die Schneidezähne nach hinten ins Mäulchen. Versuchen Sie damit, das Futterstück zu ertasten und zu lösen. Können Sie nicht helfen und kann sich das Tier nicht selbst befreien, sollten Sie unverzüglich einen Tierarzt aufzusuchen.

Schluckauf

Das Meerschweinchen sitzt auf der Stelle und zuckt in gleichmäßigen Intervallen zusammen. Es wirkt irritiert. Wenn die Tiere zu schnell fressen oder sich erschrocken haben, dann zieht sich ihr Zwerchfell krampfartig zusammen, der Luftstrom in die Lunge wird in Intervallen unterbrochen und es kommt zu einem klickernden Geräusch. Dies ist ein gewöhnlicher Schluckauf. Ähnliches Zucken ohne Schluckauf weist auf Schmerzen hin.

Fell fressen

Manche Meerschweinchen knabbern am Fell ihrer Mitbewohner. Eine häufige Ursache für dieses Verhalten scheint Langeweile zu sein, da es in sehr großen, gut strukturierten Gehegen mit geringer Besatzdichte nachlässt. Stress aufgrund von Krankheit, zu vieler Tiere auf engem Raum und Rangordnungsproblemen ist vermutlich der Grund für das Fellfressen. Es handelt sich um eine erlernte Verhaltensweise, denn es wird innerhalb einer Gruppe weitergegeben. Fellfressende Tiere haben häufig einen sehr hohen Rang innerhalb der Gruppe, es könnte also auch eine Dominanzgeste sein. Früher wurde davon ausgegangen, dass es sich um den Versuch handelt, einen Mangel auszugleichen, doch da es selbst bei optimaler Fütterung vorkommt, kann man das ausschließen.

Knabbern am Käfiggitter, Gehegerand oder an Gegenständen

Die Tiere nagen ausdauernd am Gitter, an Gegenständen oder Gehegerändern. Andauerndes Nagen ist meist ein Zeichen für Langeweile. Das Gehege ist zu klein, falsch eingerichtet oder die Tiere haben nicht genug Beschäftigungsmöglichkeiten. Frustration aufgrund von Stress durch Einsamkeit oder ein Überbesatz des Geheges verursacht ebenfalls andauerndes Nagen. Selten liegt es an fehlenden Nagemöglichkeiten. Manchmal ist es eine erlernte Unsitte, die auch bei optimaler Haltung beibehalten wird.

Auch Meerschweinchen sehen sehr albern aus, wenn sie einen Schluckauf haben.

Eine Meerschweinchengruppe muss passen und sich ergänzen, damit die Tiere sich wohlfühlen. Alter, Geschlecht und Charakter der Tiere sind wichtige Kriterien für die Gruppenbildung. Innerhalb der Gruppe gibt es klare Regeln, Aufgaben und eine Rangordnung. Passt die Gruppe nicht zusammen, kommt es häufiger zu Streit, Stress und Krankheiten.

Gruppengröße

Erst ab einer Anzahl von etwa vier Meerschweinchen kann sich eine natürliche Gruppenstruktur bilden. In kleineren Gruppen sind die Tiere nicht ausgelastet und gelangweilt. Wenn ausreichend Platz vorhanden ist, können die Gruppen wesentlich größer werden.

Alter der Tiere

Es ist empfehlenswert, Tiere unterschiedlichen Alters zusammenzuhalten, wobei immer mindestens zwei Tiere einer Altersstufe pro Gruppe vorhanden sein sollten. Auf keinen Fall dürfen Jungtiere unter sechs Monaten ohne gut sozialisierte erwachsene Tiere gehalten werden. In den ersten sechs Monaten lernen die Meerschweinchen von ihren Artgenossen einen großen Teil ihres Sozialverhaltens. Leben sie in reinen Babygruppen, bleiben sie häufig unsozial und können sich als erwachsene Tiere nur schwer in neue Gruppen integrieren. Zudem sind Jungtiere ohne älteres Leittier häufig unsicherer und ängstlicher. Ältere Weibchen schätzen die Gesellschaft

Frühe Prägung

Schon während der Trächtigkeit wird der spätere Charakter eines Meerschweinchens geprägt. Die Forschergruppe um Professor Sachser fand heraus, dass Meerschweinchenweibchen, deren Mütter während der Trächtigkeit unter starkem Stress standen, mehr Testosteron ausbilden und sich damit mehr wie Böcke verhalten und kampfbereiter sind. Böcke, die ohne Großgruppe aufwuchsen, können sich nur schwer in Gruppen integrieren und benehmen sich unsozialer.

Nicht ohne meine Kumpel! – Nur in der Gruppe fühlen sich Meerschweinchen richtig wohl.

von ebenso alten Weibchen und sind mit quirligen Jungtieren oft etwas überfordert. Jungtiere, die keine gleichaltrigen Artgenossen zum Spielen haben, wirken schnell unterfordert. Jungtiere sollten deshalb immer möglichst zu zweit in ein neues Zuhause ziehen.

Gruppenzusammenstellung

Der Harem

Der Harem kommt der Gruppenzusammensetzung sehr nah. In freier Wildbahn lebt ein Bock mit bis zu drei Weibchen und ihren Nachkommen zusammen. In der Heimtierhaltung hat es sich bewährt, einen Kastraten mit mehreren Weibchen zu halten. Im Idealfall bemüht sich der Bock um die Weibchen. Er beruhigt sie, schlichtet Streit und kümmert sich um sie, wenn sie empfängnisbereit sind. Wenn die Gruppe konstant bleibt, wählt sich der Kastrat oft eine Hauptfrau aus, die ihn stützt und mit der er häufiger zusammen schläft und frisst. Manche Böcke kümmern sich sehr gleichberechtigt um alle Weibchen, andere zeigen hingegen kein ausgeprägtes Bockverhalten. Die Weibchen haben eine klare Rangordnung, der sich jedes neue Gruppenmitglied anpassen muss. Diese wird selten neu ausgefochten und scheint gerade den älteren Semestern nicht mehr besonders wichtig zu sein.

In größeren Gruppen ab etwa fünf Weibchen bilden sich meistens weitere Untergruppen. Manche Böcke überlassen dann ranghohen Weibchen die Führung einer Untergruppe.

Diese Gruppenkonstellation wäre auch mit unkastrierten Böcken möglich. Da es jedoch zu sehr viel Nachwuchs kommt, ist das in der Heimtierhaltung nicht praktikabel.

Werden nur ein Bock und ein Weibchen zusammen gehalten, ist das Weibchen mit den ständigen Annäherungen des Böckchens häufig überfordert. Ihr fehlen außerdem gleichgeschlechtliche Sozialpartner. Weibchenfreundschaften sind sehr wichtig, sie geben Halt, lenken ab und bieten Abwechslung.

Der Bock und sein Hauptweibchen sollten etwa das gleiche Alter haben. Jüngere Weibchen können häufig problemlos dazugesellt werden. Ältere Weibchen ordnen sich einem jungen Bock nicht immer unter.

Gemischte Gruppe

Gemischte Gruppen sollte man nur mit viel Erfahrung halten, denn der Halter muss das Verhalten der Tiere sehr gut einschätzen können. Nur in sehr großen und gut strukturierten Gehegen ist es möglich, mehrere Böcke mit mehreren Weibchen zu halten. Nicht alle Böcke sind für so eine Haltung geeignet. Böcke, die von klein auf gemischte Gruppen kennen, sind häufig sozialer und großgruppenfähiger. Ob ein Bock sich für eine gemischte Gruppe eignet, hängt von seinem Charakter und seiner Vorgeschichte ab. Es ist kaum möglich, erwachsene Böcke in eine gemischte Gruppe zu integrieren. Frühkastraten können bei den Müttern bleiben oder problemlos in die Gruppe gesetzt werden. Hier bleibt abzuwarten, wie sich der Bock nach der Pubertät in der Gruppe zurechtfindet. Einige Böcke ordnen sich dem Leitbock unter und bekommen von ihm mit der Zeit neue Aufgaben zugeteilt. Andere Böcke ordnen sich nicht unter, fechten den Rang des Leitbockes an, sobald sie alt genug sind, und müssen aus der Gruppe genommen werden, wenn die Streitereien überhand-

nehmen. Andererseits kann ein unterlegener Bock sehr leiden, auch wenn es nicht zu ständigen Streitereien kommt, da er manchmal in der gesamten Gruppe keine Akzeptanz findet. Diese Böcke entwickeln sich nicht gut, haben ein geringes Gewicht und zeigen häufig stressbedingte Krankheiten wie Parasitenbefall. Beobachten Sie die Tiere gut. Wird einer ständig unterdrückt, sollten Sie ihn aus der Großgruppe nehmen und mit einem kleinen Harem vergesellschaften.

Weibchengruppe

In reinen Weibchengruppen ohne Kastrat übernimmt häufig ein ranghohes Weibchen die Aufgaben des Bocks, manche Weibchen wechseln sich dabei auch ab. Allerdings sind Weibchengruppen ohne Kastrat teilweise unruhiger, sie streiten mehr und wirken unausgeglichen. Ein guter Kastrat bringt Ruhe in solche Gruppen. In Bezug auf die Gruppengröße sind reinen Weibchengruppen kaum Grenzen gesetzt, sie können sehr groß werden.

Bockgruppe

Reine Bockgruppen sind eher problematischer als andere Gruppenzusammensetzungen. Sie entsprechen nicht dem natürlichen Zusammenleben von Meerschweinchen. Da es aber

Diese beiden Böcke vertragen sich nur deshalb gut, weil sie sehr viel Platz haben.

Zwei Meerschweinchen sind besser als eins, aber es passen auch noch mehr in ein großes Gehege.

bei den Geburten so viele Böcke wie Weibchen gibt, ist es manchmal notwendig, reine Bockgruppen zu halten. Damit die Böcke möglichst harmonische Gruppen bilden, sollten einige Regeln eingehalten werden.

Die Grundvoraussetzung für eine harmonische Bockgruppe ist ein sehr großes und gut strukturiertes Gehege. Die Böcke müssen sich bei Stress aus dem Weg gehen können. 1 m² Bodenfläche sollte pro Bock vorhanden sein. Eine Gehegetiefe von 80 cm darf nicht unterschritten werden, da die Böcke sonst auch bei Stress nicht über genügend Raum zum Ausweichen verfügen. Verzichten Sie auf Häuser, stattdessen sind Etagen, Weidenbrücken und andere Unterstände, durch die die Tiere hindurchlaufen können, empfehlenswerter (siehe Seite 96). Heuraufen, Futter- und Wassernäpfe müssen an verschiedenen Orten im Gehege platziert werden, damit die Böcke getrennt fressen können. Durch diese Maßnahme wird das Konfliktpotenzial reduziert.

Die Böcke sollten so früh wie möglich in die Gruppe integriert werden. Nur Böcke, die mit anderen Böcken aufwachsen, lernen, ihren Rang anzuerkennen, sie können sich unterwerfen und Leitböcke akzeptieren. Im Idealfall ziehen die Böcke direkt nach der Trennung von ihrer Mutter, mit etwa 3–4 Wochen, in eine Bockgruppe. Ältere Böcke lassen sich häufig nur schwer in bestehende Gruppen integrieren. Wird es dennoch versucht, kann dies auch zum Bruch innerhalb der bestehenden Gruppen führen.

Kastrierte Böcke sind meist ruhiger und eher bockgruppenfähig als unkastrierte Böcke. Außerdem können sie, falls sie sich nicht dauerhaft in die Bockgruppe integrieren lassen, ohne Quarantäne mit Weibchen vergesellschaftet werden. Erfolgt die Kastration erst, nachdem die Tiere sich schon zerstritten haben, hilft dieser Eingriff in der Regel nicht, um zerstrittene Böcke wieder zu vereinen.

Die Böcke dürfen auf keinen Fall beim ersten Streit getrennt werden. Eine Trennung führt nur zu weiteren Problemen innerhalb der Gruppe. Jungböcke müssen Grenzen testen. Üblicherweise fangen sie damit etwa mit zwei Monaten an. Sie streiten dann mehr und versuchen, Ränge auszufechten. Das kann bedrohlich aussehen, ist aber meistens relativ harmlos. Mit etwa sechs Monaten werden die Kämpfe ernster. Dann finden die Böcke ihren Platz in der Gruppe. Es kann dabei zu heftigen Auseinandersetzungen kommen, vor allem, wenn ein ranghoher Bock angegriffen wird oder sogar seine Stellung verliert. Trennungen sind jedoch nur nötig, wenn die Tiere sich so heftig attackieren, dass es zu ernsten Verletzungen kommt.

Integration

Meerschweinchen leben gern in einer großen Gruppe zusammen. Innerhalb dieser Gruppe gibt es ein Geflecht aus Beziehungen, Rangordnungen und Freundschaften. Fremde Tiere werden nicht ohne weiteres in dieser Gruppe aufgenommen. Das neue Meerschweinchen muss in die Gruppe passen, es muss bestimmte Verhaltensweisen zeigen und sich unterwerfen, damit die Gruppe es akzeptiert. Jungtiere lassen sich meist schnell und leicht integrieren und ordnen sich unter, ältere Tiere tun sich damit schwerer. Damit die Integration für die Tiere einfacher wird, sollten einige Regeln eingehalten werden.

Quarantäne

Bevor neue Tiere in eine bestehende Gruppe integriert werden, sollte man sich sicher sein, dass diese gesund sind. In jedem Stall befinden sich Krankheitskeime und vielleicht auch Parasiten, die neue Tiere mitbringen können. Bei einem Umzug stehen Meerschweinchen unter Stress und das fördert den Ausbruch von Krankheiten. Auch wenn die neuen Meerschweinchen einen gesunden Eindruck machen, sollte man sicherheitshalber eine Qua-

Diese beiden Schweinchen lernen sich erst langsam kennen und nähern sich schüchtern an.

rantänezeit von zwei Wochen einhalten. Viele Krankheiten haben eine längere Inkubationszeit, die Symptome treten erst nach einigen Tagen auf. Während dieser Quarantäne dürfen die neuen Meerschweinchen keinen Kontakt zu den alteingesessenen haben.

Nehmen Sie nach Möglichkeit immer gleich zwei oder mehr neue Tiere auf, damit keines die Quarantäne allein verbringen muss. Vor allem Babys und Jungtiere dürfen auf keinen Fall längere Zeit allein leben. Schon zwei Wochen Quarantäne ohne Artgenossen kann ihr Sozialverhalten negativ beeinflussen. Ist es nicht möglich, mehrere Tiere aufzunehmen, wird ein Tier aus der bestehenden Gruppe gewählt, das dem neuen Meerschweinchen Gesellschaft leistet. Dies ist allerdings für alle Tiere mit großem Stress verbunden und sollte eine Ausnahme bleiben.

Das Quarantänegehege muss räumlich getrennt zu den vorhandenen Tieren aufgestellt werden. Es sollte leicht zu reinigen sein, damit man es bei einem Krankheitsfall leicht desinfizieren kann. Gut geeignet sind Gehege aus Plastik, Plexiglas oder anderen leicht abwischbaren Materialien. Holzgehege eignen sich nicht. Die Einrichtung sollte ebenfalls waschbar sein. Kuschelsachen, die bei hohen Temperaturen (ab 60 °C) gewaschen werden können, eignen sich sehr gut, Pappkartons können im Krankheitsfall einfach entsorgt werden.

Versorgen Sie die neuen Tiere während der Quarantänezeit immer zum Schluss und waschen Sie sich hinterher die Hände. Werden Krankheiten festgestellt, tragen Sie beim Versorgen der Tiere Einmalhandschuhe und möglichst auch getrennte Kleidung und Schuhe (denn mit den Schuhen werden Keime oft im ganzen Haus verteilt).

Sammeln Sie von den neuen Tieren Kotproben über drei Tage hinweg (im Kühlschrank aufbewahren). Geben Sie diese Proben beim Tierarzt ab, um sie auf Darmparasiten testen zu lassen.

Integrationsort

Die Umgebung, in der die Meerschweinchen zum ersten Mal zusammentreffen, kann darüber entscheiden, ob die Tiere schnell zusammenfinden oder sich lange streiten. Die Meerschweinchen müssen sich zurückziehen und ausweichen können. Das Weglaufen und Ausweichen ist ein Zeichen der Unterwerfung. Haben die Tiere nicht genügend Platz, um auszuweichen, wird dies als Akt der Aggression gesehen und fördert Streitigkeiten. Je größer ein Integrationsgehege ist, umso problemloser verläuft die Vergesellschaftung. Das Gehege muss über eine reine Bodenfläche von mindestens 0,5 m² pro Tier verfügen, Etagen werden dabei nicht mitgezählt. Größere Gehege sind wünschenswert, kleiner darf es auf keinen Fall sein. Etagengehege sind gerade bei Vergesellschaftungen problematisch, da Rampen durch davorsitzende Meerschweinchen blockiert werden können. Das sorgt für Stress bei den Tieren, die auf die Rampe oder von dieser herunter möchten, um einer Konfrontation aus dem Weg zu gehen. Leben die Meerschweinchen also in einem Etagengehege oder ist das Gehege sehr stark verwinkelt, wäre es ratsam, für die Vergesellschaftung ein großes Bodengehege (siehe Seite 71 f.) aufzubauen.

Das Gehege sollte vor dem Einzug der neuen Meerschweinchen gründlich gereinigt werden, damit es neutral riecht.

Einrichtung des Integrationsortes

Das Gehege muss barrierefrei sein. Es werden ausschließlich Unterstände angeboten, durch die die Meerschweinchen hindurchrennen können. Gut geeignet sind Weidenbrücken, Korkhalbröhren und Kuschelröhren. Große Pappkartons eignen sich auch, hier wird auf jeder Seite eine große Tür hineingeschnitten (diese sollte fast über die ganze Wand gehen). Häuser mit einem oder selbst mehreren Eingängen können zu Fallen werden (siehe Seite 95). Deshalb ist es wirklich sehr wichtig, dass es im Gehege keine Ecken oder Häuser gibt, in die die Tiere gedrängt werden und nicht weglaufen können.

„Was willst du denn?" Die Dame unter der Weidenbrücke möchte in Ruhe gelassen werden.

Fressen beruhigt die Nerven und lenkt von Problemen ab. Deshalb sollten die Meerschweinchen gerade bei einer Vergesellschaftung immer die Möglichkeit haben, etwas zu fressen. Verteilen Sie überall im Gehege großzügig Heu und Grünfutter.

Der richtige Zeitpunkt

Die meisten Meerschweinchen ruhen sich nach dem Frühstück aus, sind satt und sehr gelassen. Deshalb ist es ratsam, erst einmal ein kleines Frühstück zu reichen und die Tiere dann am späten Morgen zusammenzusetzen. Nun braucht man viel Ruhe und Zeit. Es kann etwas dauern, bis die Tiere sich miteinander befassen und zeigen, ob sie sich mögen oder nicht. Wenn möglich, sollte den ganzen Tag jemand dabei bleiben, um die Situation zu beobachten. Deshalb eignen sich Wochenenden oder Urlaube besonders gut für die Integration. Wenn es während der ersten Stunden nicht zu ernsthaften Beißereien kommt, sind auch in der Folge keine großen Streitereien mehr zu erwarten. Es kommt zwar häufig noch über einen Zeitraum von bis zu einer Woche oder sogar länger zu kleinen Reibereien, weil die Ränge noch sicher abgegrenzt werden müssen, aber das ist meist relativ harmlos.

Vorbereitung

Bevor es mit der Integration losgeht, werden alle Tiere noch einmal gründlich untersucht und gewogen (siehe Seite 148). Vor allem am Gewicht kann man erkennen, ob die Tiere leiden, schlechter fressen oder ob alles ok ist. Die Krallen sollten auf ein normales Maß gekürzt werden, damit kein Tier beim Besteigen verletzt wird. Sind die Krallen zu spitz oder scharfkantig, können sie auch rund gefeilt werden. Langhaarigen Meerschweinchen wird das Fell gekürzt, dadurch wirken sie nicht so imposant. Zudem verfilzt und verknotet langes Fell bei Streitigkeiten schnell und das kann auch dazu führen, dass ein Tier hängen bleibt und nicht mehr flüchten kann.

Ein gemeinsames Mahl beruhigt die Nerven und lenkt von Problemen ab.

Das Zusammentreffen

Wenn es möglich ist, dürfen die neuen Meerschweinchen erst einmal in Ruhe das Gehege erkunden. So können Sie die Fluchtwege kennenlernen und reagieren ruhiger auf die Artgenossen. Nach etwa einer halben Stunde werden die alteingesessenen Meerschweinchen dazugesetzt. Sollte dies nicht möglich sein, setzen Sie alle Meerschweinchen gleichzeitig in das gereinigte Gehege.

So vielfältig die Charaktere der Meerschweinchen sind, so unterschiedlich kann es während einer Vergesellschaftung zugehen. Manche Meerschweinchen interessieren sich erst einmal mehr für das ausgelegte Futter als für die neuen Artgenossen, andere stürmen gleich auf die Neuen zu und wollen sofort den Rang klären. Folgende Szenarien können sich abspielen:

Einige Tiere ignorieren sich und halten sich aus allem raus.

Andere Meerschweinchen nähern sich vorsichtig, beschnuppern sich im Gesicht und am After und brummen sich leise an. Wenn die Meerschweinchen merken, dass ihr Gegenüber fremd ist, rucken sie mit den Köpfen und versuchen, erst einmal auf Abstand zu gehen. Manchmal laufen die Tiere einfach auseinander und die Sache ist schon geklärt.

Schnelle Verfolgungsjagden gehören zu jeder Integration dazu. Lassen Sie die Tiere gewähren.

Häufiger kommt es dann zu einem kleinen Streit. Beide Parteien klappern mit den Zähnen, brommseln und quieken, tänzeln umeinander oder wackeln mit dem Hinterteil. Sie schnappen auch schon einmal zu, und wenn sie es ganz ernst meinen, versuchen sie, aufzureiten. Dabei sträuben sie ihr Nackenfell und geben sehr aufgeregte Laute von sich. Das wirkt alles sehr bedrohlich, gehört jedoch dazu, um die Rangordnung festzulegen. Meistens rennt ein Tier davon und das andere läuft hinterher. Sobald beide stehen bleiben, beginnt der Streit von neuem. Das wiederholt sich so lange, bis ein Tier aufgibt und das andere aufreiten kann. Damit ist der Rang geklärt. Meistens sind es die Kastraten, die sich unbedingt durchsetzen wollen und neuen Weibchen so lange zusetzen, bis sie aufreiten durften. Dabei bekommen sie meistens einige Urinduschen verpasst, doch auch das gehört zum normalen Verhalten bei einer Vergesellschaftung. Auch ranghohe Weibchen legen viel Wert darauf, ihren Rang zu verteidigen und neue Gruppenmitglieder von vornherein in ihre Schranken zu weisen.

Während Integrationen kommt es zu Hektik und wilder Rennerei im Gehege. Jeder rennt vor jedem weg, alle sind nervös und gereizt. Auch Freunde fangen an, sich zu streiten, und es herrscht für einige Tage viel Unruhe. Sensible Tiere reagieren darauf mit Gewichtsabnahme, manche ziehen sich zurück und wirken sehr gestresst. Achten Sie darauf, diese Tiere an ihrem Rückzugsort zu füttern, denn sie trauen sich manchmal einige Tage nicht an die üblichen Futterstellen heran.

Vergesellschaftungen können länger dauern. Zwei bis sieben Tage sind normal, aber auch nach Wochen können noch Probleme auftreten. Vertragen sich die Tiere, fressen zusammen und ist ein normales Gruppenleben eingetreten, können sie in ihr gewohntes Gehege ziehen oder ihr Zuhause kann wieder so eingerichtet werden, wie es die Tiere kennen. Dabei kann es wieder zu kleinen Problemen kommen, die aber meist harmlos sind.

Eskalation

Jagen, Zetern, Brummen und Streiten gehört also zu einer normalen Integration dazu. Auch wenn das sehr bedrohlich wirkt, dürfen Sie auf keinen Fall einschreiten!

Es gibt allerdings Situationen, bei denen die Vergesellschaftung aus dem Ruder läuft. Manche Meerschweinchen mögen sich einfach nicht und einige Tiere sind so schlecht sozialisiert, dass sie sich nur schwer integrieren lassen. Wenn die Tiere nicht nur mit den Zähnen klappern und zuschnappen, sondern sich ineinander verbeißen, bis Blut fließt, dann müssen sie unverzüglich getrennt werden. Das ist allerdings gar nicht so ungefährlich, denn die aufgeregten Meerschweinchen beißen in so einer Situation auch ihren Halter. Manchmal hilft es, Heu auf die Tiere zu werfen. Dadurch werden sie so abgelenkt, dass sie irritiert innehalten. Auch ein lauter Ruf oder ein In-die-Hände-Klatschen kann dazu führen, dass die Tiere voneinander ablassen. Hören die Streithähne dennoch nicht auf und beißen sich weiter, muss der Halter dazwischengehen und ein Tier aus dem Gehege nehmen, auch wenn er vielleicht gebissen wird. Früher wurde gern dazu geraten, Handschuhe anzuziehen, um Bisse abzuwehren, allerdings hat man in diesen nur wenig Gefühl und es besteht die Gefahr, dass man die Tiere zu stark quetscht oder versehentlich fallen lässt. Auf keinen Fall sollte man sie mithilfe einer Blumenspritze trennen. Meerschweinchen erkälten sich schnell, wenn sie nass sind, und in Stresssituationen ist das Immunsystem geschwächt.

Untersuchen Sie anschließend die beiden Streithähne. Kleine Wunden im Gesicht und an den Ohren sind noch kein Zeichen für ein ernsthaftes Problem. Meerschweinchen schnappen bei Streitigkeiten häufig kurz zu und es ist eher ein Unfall, wenn dabei das Gesicht oder die Ohren verletzt werden, da diese nicht durch eine dicke Fellschicht geschützt werden. Wenn die Tiere sich wieder beruhigt haben, kann die Integration fortgesetzt werden. Sind größere Wunden vorhanden oder wird das unterlegene Tier in Flanken und Po gebissen, muss die Integration abgebrochen werden.

Alle Wunden sollten gut beobachtet und versorgt werden. Sie werden mit einem Wundspray desinfiziert und mit einer Heilsalbe versorgt. Sind tiefere Wunden vorhanden, ist ein Tierarzt aufzusuchen.

Verbeißen sich die Tiere häufiger ineinander, wird die Integration abgebrochen. Nicht alle Meerschweinchen mögen sich. Vor allem

Diese beiden Schweinchen sind sich wohl noch nicht ganz einig, in welche Richtung es geht.

Wenn es ganz schief läuft, kann es auch mal zu Bissverletzungen am Hinterteil kommen.

Böcke vertragen sich nicht immer untereinander. Kommt es über einen längeren Zeitraum immer wieder zu richtigen Beißereien, ist diese Konstellation für die Tiere zu stressig.

Problemschweinchen

Die meisten Meerschweinchen sind gut sozialisiert und lassen sich leicht in Gruppen integrieren. Es gibt jedoch auch Ausnahmen. Wer erwachsene Notfalltiere aufnimmt, muss damit rechnen, dass einige von ihnen bisher kein schönes Leben hatten. Wenn die Meerschweinchen lange Zeit allein gelebt haben, sie schon als Babys von erwachsenen Tieren getrennt wurden oder sie mit zu vielen Artgenossen in zu kleinen Gehegen leben mussten, reagieren sie zum Teil sehr gestresst auf andere Meerschweinchen. Sie beißen oft alles, was sich bewegt. Meistens jedoch nicht, weil sie besonders aggressiv sind, sondern weil sie panische Angst haben. Solche Tiere brauchen viel Ruhe und müssen ihre Artgenossen langsam kennenlernen. Nur bei solchen Problemtieren kann es hilfreich sein, sie im gleichen Raum mit einem Gitter getrennt von den anderen unterzubringen, damit sie sich langsam daran gewöhnen können, dass die anderen Tiere ihnen nichts tun. Beide Parteien werden am Gitter gefüttert. Beim gemeinsamen Auslauf nähern sie sich meistens von sich aus an. Klappt das auch nicht, ist es im absoluten Ausnahmefall sogar möglich, den ängstlichen Meerschweinchen ein Beruhigungsmittel zu geben. Dies darf nur und ausschließlich unter ärztlicher Aufsicht geschehen und ist immer mit einem Tierarzt abzusprechen.

Das klappt nicht

Es gibt viele, teils skurrile, Tipps, die helfen sollen, damit sich die Meerschweinchen schneller vertragen. Die meisten dieser Tipps sind eher gefährlich als hilfreich.

Es wird dazu geraten, den Neuling mit der urinnassen Streu der vorhandenen Meerschweinchen abzureiben, damit er einen

Manchmal möchten die Schweinchen einfach nichts mit ihren Artgenossen zu tun haben.

bekannten Geruch annimmt. Das hilft nicht, da Meerschweinchen den Geruch der Kaudaldrüse erschnuppern und nicht den Uringeruch. Dieser Geruch kann nicht künstlich erzeugt werden. Deshalb bringen auch andere Manipulationen am Duft der Tiere keine Veränderung, sondern sorgen nur für Irritation und damit manchmal auch zu gesteigerter Aggression; schlimmstenfalls sind sie sogar gesundheitsschädlich. Parfüms, Puder oder Sprays enthalten Alkohol und andere giftige Stoffe und schaden eher, als zu nutzen.

Es wird auch dazu geraten, die Tiere in Panik zu versetzen, indem man sie gemeinsam auf den Schoß nimmt und zur Kontaktaufnahme zwingt oder sie gemeinsam in eine kleine Transportbox verfrachtet und diese womöglich noch schüttelt, damit die Tiere in Panik zusammenfinden. Es stimmt, dass Panik Streit vergessen lässt, doch diese Vorgehensweise ist nicht tierschutzkonform, da sie für die Tiere mit extremem Stress verbunden ist.

Eine Unterbringung in getrennten Käfigen, also Gitter an Gitter stehend, ist nicht sinnvoll. Die Tiere möchten sich kennenlernen und ihre Ränge klären, was sie durch das Gitter nicht können. Bei normalen Meerschweinchen sorgt so eine Gittertrennung für Stress und Irritation und das kann sogar Aggressionen hervorrufen. Gittertrennung sollte nur in absoluten Ausnahmefällen bei extrem verängstigten Tieren versucht werden, wenn eine normale Integration gescheitert ist.

Unterbrechungen?

Vergesellschaftungen sind für Tiere und Mensch mit großem Stress verbunden. Die sonst so lieben Meerschweinchen reagieren stark gereizt und viele Tierhalter ertragen dies kaum. Bei dem Versuch, die Meerschweinchen vor weiterem Streit zu bewahren, machen sie häufig den Fehler, die Tiere zu trennen, um sie am nächsten Tag oder später noch einmal zusammenzusetzen. Doch durch die Trennung wird das Gegenteil bewirkt. Wenn die Tiere ihren Rang nicht finden können und ihnen nicht genug Zeit gelassen wird, wird bei der nächs-

ten Gelegenheit weitergestritten. Durch die Unterbrechung kommt es sogar zu längeren und andauernden Streitereien, weil die Tiere immer wieder vergessen, wie nahe sie sich schon kamen. Schlimmstenfalls können solche Trennungen sogar den Erfolg der Vergesellschaftung gefährden. Auch wenn alle Tiere gestresst sind, es zu Streit kommt, einige Tiere Angst zeigen oder sich zurückziehen, dürfen die Meerschweinchen nicht getrennt werden.

Abschließend

Es kann immer etwas länger dauern, bis alle Tiere zusammenfinden. Kommt es aber auch nach Wochen zu starken Streitereien, nimmt ein Tier aus der Gruppe ab oder wird es krank, dann passen die Meerschweinchen nicht zusammen. In diesem Fall sollte man in Betracht ziehen, die Gruppe zu trennen.

Besser zusammen hinter Gittern, als durch ein Gitter getrennt.

Von Menschen und Meerschweinchen

Meerschweinchen als Haustiere

Was haben Meerschweinchen einem Menschen als Heimtier zu bieten? Und was brauchen die Tiere von ihrem Halter? Damit beide Seiten dauerhaft von der Tierhaltung profitieren, ist es wichtig, genau zu überlegen, ob Meerschweinchen die richtigen Haustiere sind.

Was der Mensch für das Schweinchen ist

Meerschweinchen, die in großen Gehegen innerhalb einer stabilen Gruppe leben, legen meistens wenig Wert auf eine intensivere Freundschaft zum Halter. Für sie ist er das Wesen, das ihm Futter bringt. Das werten die Tiere natürlich als etwas Positives, weshalb ihr Mensch normalerweise fröhlich pfeifend erwartet wird. Neugierige Meerschweinchen schätzen den Halter als Spielgefährten und Klettergerüst und lassen sich sogar manchmal Kunststückchen beibringen. Sie können ihrem Menschen also vertrauen und erkennen ihn auch jederzeit am Gang, an der Sprache und sogar am Geruch.

Kuscheltiere?

Durch ihre niedliche Art, ihr flauschiges Fell und ihre starke Ähnlichkeit mit einem Plüschtier verleiten Meerschweinchen auch dazu, sie streicheln zu wollen. Werden Meerschweinchen aus dem Gehege genommen und auf den Schoß gesetzt, bleiben sie häufig ruhig sitzen und lassen sich kraulen. Manchmal ducken sie sich und schließen die Augen. Verständlicherweise vermutet man, dass es dem Tier gefällt, doch aus Meerschweinchensicht hat dieses Verhalten eine andere Bedeutung. Wenn man sich das Verhalten der Meerschweinchen anschaut, sieht man, dass die Tiere immer ein wenig auf Abstand gehen und sich so gut wie nie gegenseitig putzen. Im Gegenteil: Jeder Artgenosse, der zu nah kommt, wird verscheucht (siehe Seite 32). Das lässt vermuten, dass die Tiere es nicht sehr schätzen, wenn sie geputzt beziehungsweise gestreichelt werden. Warum aber halten sie still? Dies hängt damit zusammen, dass Meerschweinchen Fluchttiere sind. Wenn sie keine Chance haben zu fliehen, stellen sie sich tot (siehe Seite 31). Werden sie aus dem Gehege genommen und auf den Schoß gesetzt, können sie nicht weglaufen. Daher bleiben sie sitzen und lassen die Streicheleinheiten über sich ergehen. Als Einwand höre ich oft: „Aber sie machen sich doch ganz flach und schließen die Augen, das muss doch ein Zeichen von Entspannung sein?" Nein, das muss es mitnichten. Wenn man sich Meerschweinchen im Rudel anschaut, dann sieht man so ein Verhalten ausgesprochen selten. Nur wenn ein rangniederes Tier von einem ranghöheren massiv bedrängt und immer wieder bestiegen wird, macht es sich platt und schließt die Augen. Es gibt sich auf. In zu kleinen Gehegen kann so ein Verhalten eher beobachtet werden. Bei der Bestimmung der Stresshormone wurden bei den drangsalierten Tieren sehr hohe Werte ermittelt. Also ist das flache Liegen mit geschlossenen Augen keine Entspannung, sondern Stress. Es ist schwer zu verstehen, und viele Tierhalter möchten es kaum glauben, aber Meerschweinchen mögen nicht gestreichelt werden. Sehr zahme Tiere kommen zwar schon mal auf den Schoß, bevorzugt, wenn es dort ein Leckerchen gibt, und sie lassen sich auch mal am Kinn kraulen oder ein wenig an der Seite streicheln, doch sobald man mit der Hand über den Rücken oder den Kopf streichelt, gehen die Schweinchen weg –

wenn sie die Möglichkeit dazu haben. Meerschweinchen sind keine Kuscheltiere und das sollte jeder Tierhalter respektieren.

Praktische Überlegungen

Meerschweinchenhaltung ist zeitintensiv, teuer und die Tiere haben einen hohen Platzbedarf. Dies und noch viel mehr sollte vor der Anschaffung bedacht werden.

Kosten

Die Anschaffungskosten für eine Kleingruppe mit mindestens vier Meerschweinchen sind recht hoch. Jedes Tier kostet ab etwa 20 Euro, Kastraten entsprechend mehr (beim Tierschutz ab 35 Euro, Kastration beim Tierarzt ab 60 Euro). Dazu kommen die Kosten für ein Gehege. Ein schlichter Eigenbau ist ab 50 Euro zu haben, doch wenn es etwas dekorativer und stabiler werden soll, betragen die Kosten für ein Gehege ab 2 m² etwa 100 Euro. Die Einrichtung und Näpfe kosten nochmal mindestens 50 Euro. Dazu kommen dann die laufenden Kosten. Für Futter, Heu, Einstreu, Einstreuentsorgung und andere Verbrauchsartikel

Mensch und Meerschweinchen schauen sich neugierig an, bleiben aber auf Abstand.

werden pro Monat etwa 100 Euro für vier Meerschweinchen gerechnet. Das erscheint recht viel, beinhaltet aber vor allem die hohen Gemüsepreise im Winter. Im Sommer sind die Tiere durch kostenloses Grünfutter und Saisongemüse auch günstiger in der Haltung, doch wenn im Winter allein schon eine Salatgurke 1 Euro und mehr kostet, kann es viel teurer werden. Und damit sind wir noch nicht am Ende unserer Kosten. Zwar hoffen alle, dass die Tiere gesund bleiben, allerdings sollte man damit rechnen, dass sie krank werden können. Jeder Tierhalter sollte pro Meerschweinchen eine Tierarztreserve von gut 100 Euro bereitliegen haben. Schon eine Parasitenbehandlung kann bis zu 35 Euro kosten, und wenn eine Operation ansteht, wird es gleich viel teurer.

Zeitaufwand

Meerschweinchen sind nicht sehr anspruchsvoll und sie nehmen es einem nicht krumm, wenn man mal einen Tag keine Zeit hat, sich intensiver mit ihnen zu beschäftigen. Trotzdem muss man sich jeden Tag Zeit für die Pflege und Fütterung der Tiere nehmen. Drei Mahl-

Zimmerservice muss sein. Täglich werden mehrere Schüsseln Gemüsesalat erwartet.

zeiten am Tag müssen zubereitet und serviert werden. Pro Fütterung sind das etwa 10 Minuten, in denen das Gemüse geschnitten wird und die Heuraufen und Wassernäpfe aufgefüllt werden. Bei mindestens einer Fütterung sollten alle Tiere für einige Minuten beobachtet werden (siehe Seite 148). Im Sommer kann das Grünfutterpflücken auch länger dauern.

Mindestens jeden zweiten Tag sollten die nassen Stellen aus der Einstreu entfernt und neu eingestreut werden. Einmal in der Woche ist ein Großputz fällig, je nach Gehegegröße und Art dauert dies eine Stunde oder länger. Damit benötigt man also pro Tag gut 45 Minuten und einmal wöchentlich noch die Zeit für die Gehegereinigung und den dazugehörigen Gesundheitscheck. Zur reinen Pflege kommt natürlich noch die Zeit, in der man sich mit seinen Meerschweinchen beschäftigt. Wer zutrauliche Meerschweinchen haben möchte und die Tiere beschäftigen will, der sollte sich pro Tag eine Stunde Zeit nehmen, um sich zu seinen Tieren zu setzen. Wird ein Meerschweinchen krank, kann die Pflege sehr zeitintensiv sein. Unter Umständen muss ein Tier über mehrere Tage mehrmals am Tag gepäppelt und mit Medikamenten versorgt werden.

Urlaubsunterbringung

Eine sehr wichtige Frage, die vor der Anschaffung zu klären ist: Wo verbringen die Tiere die Zeit, wenn Sie im Urlaub sind? Fragen Sie vor der Anschaffung Freunde, Verwandte und Nachbarn, ob diese eine durchgehende Pflege der Tiere gewährleisten können.

Lebensstil

Passen die Meerschweinchen tatsächlich in Ihr Leben? Es ist nicht nur wichtig, sich zu fragen, ob man drei Mahlzeiten am Tag über den Tag verteilt anbieten kann, auch wenn man arbeiten gehen muss. Noch viel wichtiger ist die Frage, ob Meerschweinchen und alles was dazu gehört wirklich in Ihr Leben und zu Ihnen passen. An erster Stelle steht natürlich auch

Einer Gruppe Meerschweinchen zuzuschauen ist spannend, entspannend und macht glücklich.

die Frage nach der Gesundheit. Alle Bewohner des Haushaltes müssen sich testen lassen, ob sie gegen Meerschweinchen, Staub oder Heu empfindlich oder gar allergisch reagieren. Besteht Heuschnupfen oder eine Stauballergie, sind Meerschweinchen nicht die richtigen Heimtiere, denn ihre Einstreu staubt immer, Heu darf in keinem Gehege fehlen und es enthält Pollen verschiedener Gräser.

Legen Sie viel Wert auf eine klinisch saubere Wohnung? Dann bedenken Sie bitte, dass Heu und Streu stark stauben. Häufig fällt Heu und Einstreu aus dem Gehege, die Schweinchen verschmutzen ihre Umgebung beim Auslauf mit Streu, Heu, Kot, Urin und sie nagen auch ganz ungeniert Teppiche, Fußleisten und schöne Möbel an. Sind Sie geruchsempfindlich? Das Gehege riecht immer nach Heu. Manche Einstreuarten haben einen starken

Eigengeruch, und auch wenn das Gehege oft gereinigt wird, können die Pinkelecken vor allem im Sommer schon mal etwas streng riechen. Wenn Sie am Abend gern Ihre Ruhe haben möchten, sollten Sie bedenken, dass Meerschweinchen gerade dann nicht ruhig sind. Manchmal habe ich das Gefühl, sie laufen zur Hochform auf, wenn ich einen Film schauen will. Dann wird gemuigt, gebrommselt und gequiekt und durchs Gehege galoppiert. Man versteht bei dem Spektakel kaum sein eigenes Wort, und an Fernsehen ist nicht zu denken. Das alles liebt nur ein Mensch, der, statt fernzusehen, gern mal den pelzigen Wonneproppen beim Spielen zuschaut, der den Geruch von Heu und Tier angenehm findet und dem es nichts ausmacht, häufiger zu putzen und Heuhalme an Orten zu finden, wo er nicht damit gerechnet hat.

Lebenserwartung

Meerschweinchen können acht Jahre und älter werden. Dies ist eine lange Zeitspanne, in der die Tiere täglich versorgt werden müssen. Wenn Sie sich nicht sicher sind, ob Sie die Versorgung über einen so langen Zeitraum gewährleisten können, dann wäre es ratsam, ältere Tiere aus dem Tierschutz aufzunehmen.

Meerschweinchen und Kinder

Meerschweinchen werden aufgrund ihres plumpen Äußeren und ihres lieben Wesens gern als perfekte Kindertiere angepriesen. Aber das sind sie nicht. Kinder möchten mit einem Tier engen Kontakt, sie wollen es streicheln und damit spielen. Aber das mögen die meisten Meerschweinchen nicht. Kleinen Kindern unter 3 Jahren fehlt die nötige Feinmotorik und das nötige Verständnis für den Umgang mit den kleinen Wesen. Sie könnten die Meerschweinchen durch zu grobes Anfassen verletzen und sollten nur Zugang zu den Tieren haben, wenn ein Erwachsener dabei ist. Der Umgang mit dem Meerschweinchen wird am besten unter Zuhilfenahme von Stofftieren erlernt.

Kindern macht es großen Spaß, etwas für ihre Meerschweinchen zu basteln.

Kinder bis acht Jahren können schon gut bei der Versorgung der Meerschweinchen helfen. Sie mögen es meist gern, für die Tiere Beschäftigungsspielzeuge zu basteln und die Meerschweinchen aus der Hand zu füttern, und wenn es sein muss, kann sogar die Gehegereinigung Spaß machen, wenn sie dazu fröhlich angeleitet werden. Je nach Reife können Kinder zwischen acht und zehn Jahren Meerschweinchen eigenverantwortlich versorgen. Die Versorgung der Tiere muss natürlich von einem Erwachsenen überwacht werden, denn zu schnell wird mal das Füttern vergessen, wenn andere Dinge im Leben wichtiger sind. Ein Pflegeplan für eine Woche, der neben dem Gehege hängt und an dem angekreuzt werden muss, welche Tätigkeiten erledigt sind, kann dabei helfen, dass keine Fütterung ausgelassen wird.

Grundsätzlich gehören die Tiere nicht den Kindern, sondern den Eltern. Die Eltern sind verantwortlich und müssen sich um die Meerschweinchen kümmern, auch wenn die Kinder die Lust verloren haben.

Andere Tiere

Sind im Haushalt noch andere Heimtiere vorhanden, muss sichergestellt sein, dass sie den Meerschweinchen nicht schaden können und umgekehrt. Grundsätzlich gilt: Kein anderes Tier kann einem Meerschweinchen seine Artgenossen ersetzen. Es müssen immer mehrere Meerschweinchen zusammen gehalten werden. Andere Tiere gehören nicht mit in das Meerschweinchengehege.

Meerschweinchen und Kaninchen

Fatalerweise wird häufig angenommen, dass Meerschweinchen und Kaninchen gute Gehegegenossen wären, weil sie sich irgendwie ähnlich sehen. Allerdings passen diese Tiere überhaupt nicht zusammen. Sie stellen unterschiedliche Ansprüche an ihre Nahrung:

Meerschweinchen benötigen mehr Gräser und Vitamin-C-haltiges Futter, Kaninchen fressen mehr Kräuter. Die stärkeren Kaninchen machen den Meerschweinchen häufig das Futter streitig. Beide Tierarten haben unterschiedliche Verhaltensweisen, z. B. putzen Kaninchen sich gegenseitig und putzen auch die Meerschweinchen, die keinen Wert darauf legen. Kaninchen sind dämmerungsaktiv und drehen am frühen Morgen und späten Abend erst richtig auf. Meerschweinchen sind hingegen tagaktiv, insofern behindern sich beide Tierarten in ihren Schlafphasen. Auch wenn es manchmal vorkommt, dass sich dominante Meerschweinchen gegen Kaninchen behaupten können, sind es meistens die Meerschweinchen, die den Kürzeren ziehen und von Kaninchen dominiert werden. Wenn ein Kaninchenweibchen scheinschwanger ist, kann es richtig angriffslustig werden, potente Rammler können ebenfalls sehr aggressiv sein. Manchmal kommt es bei solchen Kombinationen auch noch nach Jahren friedlichen Zusammenlebens plötzlich zu schwerwiegenden Problemen bis hin zu Todesfällen durch Verletzungen. Studien der Universität Münster zeigen deutlich: Meerschweinchen, die die Wahl haben, ziehen die Gesellschaft von Meerschweinchen vor und meiden den Kontakt mit Kaninchen.

Meerschweinchen und andere Nager

Üblicherweise verhalten sich Meerschweinchen gegenüber Mäusen, Degus, Hamstern und ähnlichen Tieren passiv und ignorieren sie. Es kann aber auch zu Übergriffen von beiden Seiten kommen. Meerschweinchen können Mäuse, Hamster und andere Kleinnager beim Verjagen oder allein durch ihre Körpergröße verletzen.

Chinchillas und Ratten können Meerschweinchen ernsthaft verletzen. Diese Tierarten können im selben Raum gehalten werden, doch niemals im gleichen Gehege. Auch der Auslauf sollte getrennt stattfinden.

Kaninchen sind keine besonders gut geeigneten Stallgenossen für Meerschweinchen.

Meerschweinchen und Vögel

Die meisten Vogelarten verhalten sich friedlich gegenüber Meerschweinchen. Es kommt aber bei einer gemeinsamen Haltung immer wieder zu Übergriffen durch Vögel und selbst kleine Arten können Meerschweinchen verletzen. Das laute Zwitschern der meisten Vogelarten ist für Meerschweinchen unangenehm, weshalb diese Tierarten in getrennten Räumen untergebracht werden sollten. Auch beim Freiflug sollten die Vögel nicht zu den Meerschweinchen gelangen können.

Meerschweinchen und Reptilien

Viele Reptilien sind natürliche Feinde der Meerschweinchen, vor allem größere Schlangenarten und größere Echsen. Der Geruch dieser Feinde ist für Meerschweinchen unangenehm. Beide Tierarten sollten in getrennten Räumen untergebracht werden.

Meerschweinchen und Katzen

Katzen sind Jäger und Jäger haben im Meerschweinchengehege nichts zu suchen. Zwar lernen die meisten Katzen schnell, dass die Meerschweinchen zur Familie gehören, und tun ihnen nichts, doch es kann auch der Spieltrieb durchkommen. Auch wenn es dem Meerschweinchen körperlich nicht schadet, wenn die Katze nach ihm pfötelt, hat das Schweinchen Angst davor und sollte vor solchen Übergriffen geschützt werden. Katzen sollten keinen Zugang zum Meerschweinchengehege haben und wenn die Meerschweinchen im Auslauf sind, werden die Katzen ausgesperrt.

Meerschweinchen und Hunde

Jeder Hund ist ein Jäger und Jäger gehören nicht ins Meerschweinchengehege! Schon lautes Bellen oder Beschnuppern kann bei

Selbst so kleine Hunde wie Chihuahuas können den Meerschweinchen gefährlich werden.

den Meerschweinchen Panik auslösen. Selbst beim friedlichsten Hund kann der Jagdtrieb ausgelöst werden, wenn die Meerschweinchen weglaufen – selbst noch nach Jahren. Sicher gibt es liebe Hunde, die mit Meerschweinchen aufgewachsen sind und bei denen die Wahrscheinlichkeit gering ist, dass sie den Meerschweinchen etwas antun. Auf der anderen Seite wurde mir in meiner langen Zeit im Tierschutz leider immer wieder berichtet, dass friedliche Hunde eines Tages zugebissen haben und sei es nur im Spiel. Verlassen Sie sich nicht auf Ihren Hund. Hunde dürfen keinen Zutritt zum Gehege oder Auslauf der Meerschweinchen haben.

Rechtliche Grundlagen

Grundsätzlich sind alle Klauseln in Mietverträgen, die das Halten von Kleintieren untersagen, unwirksam. Eine kleine Gruppe Meerschweinchen darf also jederzeit ohne Genehmigung des Vermieters gehalten werden und die Haltung darf unter normalen Umständen nicht verboten werden. (BGH VIII ZR 10/92, WM 93, 109). Die Heimtierhaltung gehört heute zur allgemeinen Lebensführung und zum vertraglichen Gebrauch der Mietwohnung, solange durch die Tierhaltung keine Belästigungen eintreten. (AG Offenbach, AZ.: 34 C 705/85, AG Schöneberg AZ.: 8 C 11/91, AG Friedberg, AZ.: C 66/93 und AG Heidelberg AZ.: 20 C 72/92). Die Tiere dürfen weder eine starke Geruchs- noch eine Lärmbelästigung darstellen. Größere Meerschweinchengruppen oder gar eine Zucht müssen vom Vermieter genehmigt werden, und es ist ratsam, auch die Nachbarn in die Entscheidung einzubeziehen. Gebrauchte Einstreu darf über den Hausmüll entsorgt werden, aber nur, wenn die Menge nicht die haushaltsübliche Menge an Müll übersteigt und alles gründlich und sauber in Plastiktüten verpackt wird. Allerdings ist die anfallende Menge an Einstreu und Heu, die entsorgt werden müssen, meist

Die kleinen Meerschweinchen verbrauchen große Mengen an Heu, Stroh und Einstreu.

wesentlich größer, als das Fassungsvermögen der Mülltonnen. Da die Müllentsorgung von jeder Gemeinde anders gehandhabt wird, sollten Sie dort nachfragen, wo Sie die Streu der Tiere entsorgen können. Manche Gemeinden erlauben es, Holzeinstreu, Stroh und Heu mit den Grünabfällen kostenlos zu entsorgen.

Kaufvertrag

In Deutschland sind mündliche Kaufverträge rechtsgültig, EU-weit gelten nur schriftliche Kaufverträge als rechtsverbindlich. Grundsätzlich sollte beim Kauf eines Tieres ein schriftlicher Vertrag verfasst werden. In diesen gehören die Daten des Käufers und des Verkäufers. Des Weiteren sollten Rasse, Alter und Geschlecht des Tieres vermerkt werden sowie Besonderheiten und Gesundheitszustand. Es gelten auch beim Kauf von Tieren die gesetzlichen Regelungen zum Rücktritt vom Kauf. Innerhalb von zwei Wochen kann man vom Kaufvertrag zurücktreten. Erkrankt das Tier innerhalb der ersten sechs Monate nach Kauf oder wird ein anderer Mangel festgestellt, kann der Käufer seine gesetzlichen Gewährleistungsrechte geltend machen. Sofern bewiesen werden kann, dass die Krankheit oder der Mangel schon beim Kauf bestand, kann vom Verkäufer eine Minderung des Kaufpreises oder die Übernahme der Tierarztkosten verlangt werden. Das ist natürlich sachlich richtig, aber üblicherweise haben Erkrankungen eine lange Inkubationszeit. Zum einen kann man meistens nicht beweisen, dass die Erkrankung schon bestand, zum anderen gibt es kaum einen Menschen, der sein liebgewonnenes Tier einfach zurückgibt, nur weil es nicht ganz gesund ist.

Der Kaufvertrag kommt nur zwischen geschäftsfähigen Handelspartnern zustande. Kinder bis zum vollendeten 16. Lebensjahr dürfen ohne Einwilligung eines Erwachsenen keine Wirbeltiere erwerben. Wird ihnen ein Tier verkauft, muss der Verkäufer es jederzeit zurücknehmen und den vollen Kaufpreis erstatten.

Die Entscheidung für Meerschweinchen ist gefallen, doch wo bekommt man die Tiere? Während es bei anderen Luxusgütern durchaus üblich ist, die Entscheidung nach günstigen Preisen und einfachen Einkaufsmöglichkeiten zu fällen, wäre das bei Lebewesen fatal. Beim Kauf von Lebewesen sollte man bedenken, dass billig produzierte Tiere in der Regel keinen guten Start ins Leben haben.

Haltung der Verkaufstiere

Jeder Anbieter von Kleintieren, der Ihnen, ohne nachzufragen, Meerschweinchen verkauft und kein Interesse daran hat, wie Sie diese Tiere zu halten gedenken, der wird seine eigenen auch nicht gut halten. Meerschweinchen aus schlechter Haltung sind häufig krank oder weisen Mängel in ihrem Sozialverhalten auf.

Wo auch immer Sie Ihre Meerschweinchen kaufen, schauen Sie sich die Lebensumstände der Verkaufstiere genau an: Sind sie in großen, sauberen und gut strukturierten Gehegen untergebracht? Sind die Tiere gesund und munter? Kranke oder tragende Tiere sollten nicht

abgegeben werden. Sind die Meerschweinchen nach Geschlechtern getrennt beziehungsweise die Böcke kastriert? Haben die Meerschweinchen ausreichend frisches Futter, Heu und Wasser zur Verfügung?

Fragen Sie nach, welche Futtermittel die Meerschweinchen gewöhnt sind. Füttern Sie die ersten Tage während der Eingewöhnung dieses Futter und stellen Sie dann gegebenenfalls langsam auf die von Ihnen gewählten Futtermittel um (siehe Seite 136). Erfragen Sie auch, welche Erkrankungen evtl. schon vorliegen und wie sie behandelt wurden oder welche Medikamente, beispielsweise gegen Parasiten, bisher verabreicht wurden.

Notfalltiere

Es gibt in Deutschland mittlerweile gut organisierte Vereine, die sich ausschließlich mit der Vermittlung von Meerschweinchen aus zweiter Hand oder Notfalltieren befassen. Die Pflegestellen haben häufig nur wenige Tiere und kennen diese sehr genau. Sie können über Charakter, Gruppentauglichkeit,

Vorlieben und mehr Auskunft geben. Es werden auch, aber nicht nur, ältere Tiere vermittelt, dazu gibt es Jungtiere aus ungewollten Schwangerschaften. Die Böcke sind in der Regel schon kastriert, und es ist manchmal möglich, eine komplette Gruppe zu übernehmen, die sich gut versteht. Dafür muss man allerdings bereit sein, den Tierpflegern Auskunft über die zukünftige Tierhaltung zu erteilen. Sollte es Probleme bei der Haltung geben, stehen gute Pfleger auch nach dem Kauf mit Rat und Tat zur Seite.

Züchter

Züchter bieten üblicherweise bestimmte Rassen an. Wer also Wert darauf legt, dass seine neuen Hausgenossen einer bestimmten Rasse angehören, sollte sich hier beraten lassen. Gute Züchter beraten Sie ausführlich und stellen Ihnen auch passende Gruppen zusammen.

Manche Züchter sind sogar bereit, die Meerschweinchen wieder zurückzunehmen, wenn die Tierhaltung beendet wird. Deshalb kann man bei solchen Züchtern auch ältere Meerschweinchen und Kastraten bekommen.

Tierheime

In guten Tierheimen werden Sie ausführlich beraten. Die Mitarbeiter kennen die Tiere, können sie nach Geschlecht unterscheiden, Böcke sind meist kastriert und Sie bekommen eine passende Gruppe zusammengestellt. Es gibt viele Vorurteile über Tierheimtiere, die aber meist gar nicht stimmen. Tierheimtiere sind nicht immer scheu, krank oder wurden gequält. Die Tiere aus dem Tierheim unterscheiden sich im Charakter und ihrer Entwicklung nicht auffällig von anderen Meerschweinchen. Nur selten haben sie tatsächlich Einschränkungen und jedes gute Tierheim gibt solche Tiere nur in erfahrene Hände.

Zoofachhandel

Der Zoofachhandel bietet viele Jungtiere an. Allerdings ist meistens nichts über die Herkunft bekannt und häufig sind die Verkaufstiere nicht ordentlich nach Geschlechtern getrennt. Für die Tiere ist es mit Stress verbunden, im Verkaufsraum von fremden Menschen und anderen Tieren umgeben zu sein.

Dieser hübsche Bock zog aus einer Notaufnahme zu uns und bereitet uns viel Freude.

Solche schönen Meerschweinchen warten in vielen Tierheimen auf ein neues Zuhause.

In einer geräumigen Box ist immer genug Platz für einen Kuschelsack und Leckerchen.

Anzeigen von Privat

Die Anzeigenmärkte online und in Zeitungen sind voll von Abgabetieren. Hier sollten Sie sehr genau hinschauen. Nicht nur Züchter und Notaufnahmen vermitteln dort ihre Tiere, sondern auch private Tierhalter. Es besteht die Gefahr, kranke, schlecht sozialisierte oder trächtige Tiere zu bekommen. Das zudem angebotene Zubehör ist häufig nicht zu gebrauchen.

Der Transport

Für den Transport in das neue Zuhause und für spätere Tierarztbesuche sollte eine gute Transportbox zur Verfügung stehen. Die meisten Meerschweinchen fühlen sich sicherer, wenn sie zu zweit in einer Transportbox sitzen, und möglichst mit einem befreundeten Tier, dem sie im Rang nahe stehen. Mehr als zwei Tiere sollten nicht in eine Box, denn das gibt nur Streit. Der Boden der Box wird mit einem alten Handtuch oder vielen Küchentüchern ausgelegt, um den Urin aufzusaugen. Darüber kommt immer etwas Heu und natürlich verschiedene Futtermittel, denn Fressen hilft gegen Stress. Kuschelsäcke oder Kuschelrollen (siehe Seite 99) bieten in der Box Sicherheit.

Jeder Transport sollte so kurz wie möglich gehalten werden. Auf keinen Fall dürfen die Tiere in der Box auskühlen oder überhitzen. Im Sommer finden Transporte nach Möglichkeit eher in den kühlen Morgen- oder Abend-

Transportbox

Für den Transport von Meerschweinchen eignen sich nur Boxen aus Kunststoff. Sie sind gut zu reinigen und wasserdicht. Körbe und Pappkartons eignen sich nicht, da sie schnell durchweichen. Damit die Box zwei Meerschweinchen und ihrem Futter genug Platz bietet, sollte sie über eine Bodenfläche von 30 x 40 cm verfügen. Ab einer Höhe von 20 cm können die Tiere sich auch aufrichten. Optimal für Tierarztbesuche sind Boxen, die von oben zu öffnen sind, denn so kann das erkrankte Tier problemlos herausgenommen werden. Boxen, die von vorne zu öffnen sind, eignen sich für häufige Transporte (z. B. vom Nachtgehege in den Tageslauslauf), die Meerschweinchen können lernen, allein in die Box und wieder herauszugehen.

stunden statt. Die Box darf niemals unbeaufsichtigt im warmen Auto zurückgelassen werden, auch nicht für kurze Zeit. Bei längeren Transporten sollte man eine Trinkflasche anbringen und die Tiere alle 30 Minuten kontrollieren. Auf eine gute Belüftung der Box ist zu achten. Im Sommer können statt geschlossener Boxen auch Hamsterkäfige verwendet werden. Im Winter kann eine handwarme Wärmflasche oder ein spezielles Wärmekissen auf einer Seite der Box angeboten werden.

Erstes Kennenlernen

Bevor die Tiere in ihr neues Zuhause ziehen dürfen, wird ein gründlicher Gesundheitscheck durchgeführt (siehe Seite 149). Dabei werden das Gewicht und Besonderheiten der Tiere aufgeschrieben. Anschließend dürfen die Meerschweinchen ihr neues Reich kennenlernen. Damit werden sie in den nächsten Tagen beschäftigt sein. Die meisten Meerschweinchen reagieren in einer neuen Umgebung sehr schreckhaft und verstecken sich, wenn der Mensch das Zimmer betritt. Doch schon nach kurzer Zeit lernen sie, dass der Mensch das Futter bringt – die vorwitzigen unter ihnen werden ihr Futter schon bald lautstark einfordern.

Wenn die Meerschweinchen sich eingelebt haben, können Sie sich mit ihnen anfreunden. Setzen Sie sich an das Gehege, halten Sie besonders leckere Futterstückchen hinein und warten Sie ruhig ab. Alle Meerschweinchen sind neugierig und fressen gern, irgendwann werden sie kommen und sich das Futter aus Ihrer Hand nehmen.

Schon bald werden sie die Fütterung aus der Hand lautstark einfordern und stehen erwartungsvoll schauend und meist hoch aufgereckt am Gehegerand, wenn „ihr Mensch" kommt. Es fällt sehr schwer, ihnen dann nicht jedes Mal ein Leckerchen zu geben.

Ganz lang macht sich das neugierige Meerschweinchen, es hätte die Flocke doch sooo gern.

Gehege für Meerschweinchen

Das optimale Meerschweinchengehege

Es gibt viele Möglichkeiten, Meerschweinchen ihren Bedürfnissen entsprechend zu halten. Eins haben all diese Möglichkeiten gemeinsam: Sie sollen den Tieren einen interessanten und abwechslungsreichen Lebensraum bieten und gleichzeitig dem Menschen gefallen. Meerschweinchen können sowohl in der Wohnung, als auch im Außengehege tiergerecht untergebracht werden.

Bedürfnisse der Schweinchen

Um herauszufinden, welche Haltungsform dem Tier gerecht wird, wurden viele Studien durchgeführt. Dabei wurden vor allem Bewegungsabläufe und Sozialverhalten von Meerschweinchen untersucht. Wie schnell laufen Meerschweinchen? Unter welchen Umständen springen oder laufen sie? Wie reagieren sie auf Artgenossen und welchen Platzbedarf haben sie bei Rangstreitigkeiten? Dabei wurde unter anderem festgestellt, dass zwei Meerschweinchen, die im Streit auseinanderlaufen, im Schnitt etwas über einen Meter weit rennen, bis sie sich wieder beruhigen und lang

samer werden. Ebenso wurde beobachtet, dass Meerschweinchen, die viele kleine Versteckmöglichkeiten hatten, es in den meisten Fällen bevorzugten, diese allein zu nutzen. Die gleichen Meerschweinchen nutzten Verstecke jedoch gemeinsam, sobald diese so groß waren, dass sie sich nicht berührten, wenn sie ausgestreckt darin lagen.

Anhand der so gesammelten Daten wurde dann untersucht, ab welcher Gehegegröße und mit welcher Struktur sie möglichst viele ihrer Verhaltensweisen ausüben können, ohne zu stark eingeschränkt zu sein. Die Empfehlungen in diesem Buch basieren auf diesen Studien.

Gehegegröße

Meerschweinchen sind reine Bodenbewohner. Sie laufen viel, springen durchaus auch recht geschickt, allerdings klettern sie nicht besonders gern. Junge Meerschweinchen zeigen sich kletterfreudiger und flitzen problemlos Treppen und Rampen hinauf und hinunter oder turnen über Korkröhren. Ältere Tiere schätzen den Aufenthalt auf sicherem Untergrund. Daher benötigen Meerschweinchen ein Gehege mit einer großen Grundfläche. Während einige Meerschweinchen durchaus mit etwas weniger Platz zurechtkommen, kann es für andere nicht groß genug sein. Große Gruppen benötigen im Schnitt pro Tier etwas weniger Platz, je kleiner die Gruppe ist, desto größer ist der Platzbedarf pro Tier. Maße und Grundangaben bieten also hier nur einen Richtwert.

Maße

Pro Tier sind 0,5 m² Bodenfläche angemessen, wenn die Meerschweinchen Auslauf bekommen. Ideal wären Gehege ab 1 m² pro Tier, wenn die Meerschweinchen sich überwiegend im Gehege aufhalten. Etagen zählen nur, wenn sie ebenfalls über eine Mindestfläche von 1 m² verfügen. Gehege unter 2 m² Grundfläche bieten den Tieren nicht genügend Möglichkeiten und sollten nicht gewählt werden. 2 m durchgehende Lauffläche sind das absolute Minimum, damit die Tiere auch mal flitzen können. Eine Tiefe von 80 cm ist mindestens nötig, damit Einrichtungsgegenstände sinnvoll aufgestellt werden können und die Tiere trotzdem noch jederzeit in der Lage sind, problemlos aneinander vorbeizulaufen.

Höhe

Wenn Meerschweinchen sich in ihrem Gehege wohl fühlen, sind sie meist nicht sehr ausbruchsfreudig, deshalb kann das Gehege ab einer Höhe von 25 cm oben offen bleiben. Sehr selten springen übermütige Jungtiere hinaus, in der Regel brauchen sie dafür auch einen Absprungort, zum Beispiel ein Haus oder eine Weidenbrücke. Ältere Tiere sind eher vorsichtig. Wenn sie nicht sicher sind, was sich hinter der Absperrung verbirgt, springen sie normalerweise nicht darüber.

Manche Meerschweinchenhalter haben sogar niedrigere Gehegeränder. Nicht selten stützen sich die Schweinchen am Rand ab, während sie nach Futter rufen.

Nur wenn die Tiere in ihrem Gehege sehr unglücklich sind, versuchen sie, zu entkommen. Dies ist häufig bei einzeln gehaltenen Meerschweinchen so, aber auch in Gehegen, die zu klein sind und zu viele Tiere beherbergen. Böcke versuchen natürlich auch, zu Weibchen zu gelangen, hier sollten die Trennwände entsprechend höher sein. Manchmal reichen erst 50 cm, um die Böcke am Drüberspringen zu hindern.

Wenn andere Tiere im Haushalt leben, die den Meerschweinchen gefährlich werden können, sollte das Gehege mit einem Gitter gesichert werden. Achten Sie dabei darauf, dass alle Bereiche des Geheges leicht zu erreichen und zu reinigen sind. Eine Gehegehöhe von 50 cm sollte eingehalten werden, damit begehbare Etagen angebracht werden können.

Selbst so eine niedrige Umrandung wird als Gehegegrenze akzeptiert und nicht übersprungen.

Das perfekte Meerschweinchengehege bietet genügend Platz zum Wohnen und Spielen.

Außerdem steht das Gehege weder zu heiß noch zu kalt und befindet sich in Menschennähe.

Der Standort

Der Standort des Meerschweinchengeheges sollte sowohl den Bedürfnissen der Tiere als auch denen der Menschen gerecht werden.

Meerschweinchen sind schreckhaft, aber auch neugierig und an ihrer Umgebung interessiert. Dementsprechend sollte das Gehege an einem Ort aufgestellt werden, wo sie Anregung durch den Menschen bekommen, aber nicht ständig lauten Geräuschen und hektischen Bewegungen ausgesetzt sind.

Früher wurde oft dazu geraten, die Gehege in Augenhöhe aufzustellen, damit die Tiere sich nicht zu sehr erschrecken, wenn die großen Menschen an ihnen vorbeilaufen. Dies ist aber bei Gehegen, die größer als 2 m² sind, nur noch schwer umsetzbar. Außerdem ist bei erhöhten Gehegen ein einfacher Zugang zum Auslauf nicht realisierbar. Meerschweinchen, die es gewohnt sind, am Boden zu leben, erschrecken ohnehin nicht mehr vor ihrem Menschen oder gewohnten Bewegungen am Gehege. Allerdings müssen sie den Menschen

rechtzeitig sehen können, deshalb sollte die Vorderfront des Geheges durchsichtig sein.

Meerschweinchen benötigen Tageslicht, unter anderem auch, um Vitamin D zu bilden. Direkte Sonneneinstrahlung und Hitze können jedoch leicht zur Überhitzung führen. Morgen- oder Abendsonne wären ideal. Zugluft vertragen Meerschweinchen nicht sehr gut, frische Luft mögen sie hingegen gern. Der Raum, in dem sie wohnen, muss also regelmäßig gelüftet werden.

Meerschweinchen sind Nichtraucher. Zigarettenqualm schädigt ihre Lungen schnell und nachhaltig. Auch Parfüms, Raumdüfte und Räucherwerk irritieren ihren Geruchssinn und schädigen ihre empfindlichen Atemorgane.

Die ideale Umgebungstemperatur, bei der sich Meerschweinchen sauwohl fühlen, liegt bei etwa 18–22 °C. Eine Luftfeuchtigkeit von 40–70 % wird als besonders angenehm empfunden. Ist die Luft viel trockener, kommt es häufiger zu Lungenerkrankungen. Deshalb hat es sich im Winter bei trockener Heizungsluft bewährt, Luftbefeuchter zu verwenden.

Meerschweinchen sind laut und nehmen keinerlei Rücksicht auf das Ruhebedürfnis ihrer Halter. Sie streiten und muigen auch tief in der Nacht oder nagen zu jeder Uhrzeit an Einrichtungsgegenständen, was richtig laut sein kann. Ihre Einstreu und Heu stauben stark.

Zimmer, die sich eignen

Schlaf- bzw. Kinderzimmer Diese beiden Räume sind nicht geeignet, um Meerschweinchen darin unterzubringen. Die Tiere sind nachts laut und stören den Schlaf. Auch wenn der Lärm bewusst nicht wahrgenommen wird, stört er das Unterbewusstsein, was vor allem bei Kindern zu Konzentrationsstörungen führen kann.

Hausflur Hier geht es meist hektisch zu. Es wird viel hin und her gegangen und die Meerschweinchen sehen nur Beine, die an ihnen vorübergehen. Häufig sind Hausflure schlecht zu belüften und trotzdem zugig.

Küche Hier ist es meist relativ hektisch. Fettspritzer vom Herd könnten die Tiere verletzen, Küchendüfte und lautes Geschirrgeklapper sorgen für Stress beim Tier. Außerdem ist die Verletzungsgefahr für die Tiere relativ hoch, wenn sie Auslauf bekommen.

Wohn- und Arbeitszimmer Diese Räume eignen sich häufig gut, um die Meerschweinchen unterzubringen. Fernseher und Stereoanlage sollten allerdings nur in Zimmerlautstärke betrieben werden. An diese Geräusche gewöhnen sich Meerschweinchen relativ schnell.

Meerschweinchenzimmer Natürlich wäre ein Extrazimmer nur für Meerschweinchen eine Alternative, aber nur dann, wenn sich der Mensch dort auch wohlfühlen kann. Ein bequemer Stuhl sollte auf jeden Fall zur Verfügung stehen, damit man seine Tiere in Ruhe beobachten kann und Spaß daran hat, sich länger in dem Raum aufzuhalten, als nur zum Füttern und zum Putzen.

Balkon oder Garten Unter bestimmten Umständen ist eine Haltung im Freien möglich und sinnvoll. Ab Seite 81 wird die Außenhaltung ausführlich vorgestellt.

Viele Meerschweinchen benötigen viele große Häuser und viel Platz, um ausweichen zu können.

Es gibt sehr viele verschiedene Arten von Meerschweinchengehegen. Von günstig bis teuer, von dekorativ bis praktisch ist alles möglich. Bei der Auswahl des richtigen Geheges spielen die persönliche Vorliebe des Halters, der Platz und die monetären Möglichkeiten eine Rolle.

Gitterkäfige

Gekaufte Gitterkäfige sind wohl die am häufigsten verwendeten Meerschweinchenbehausungen. Sie bestehen aus einer Kunststoffbodenwanne und einem abnehmbaren Gitteroberteil. Üblicherweise verfügen sie über Türen an der Front und aufklappbare Deckel. Der Gitterabstand liegt zwischen 1,5 und 2,5 cm. Derzeit sind im Handel allerdings keine Käfige zu bekommen, die, für sich allein genommen, groß genug wären, um Meerschweinchen darin tiergerecht unterzubringen. Die größten Käfige haben nur eine Grundfläche von etwa 1 m². Allerdings sind sie relativ günstig, und wer nicht selbst bauen möchte, aber ein rundherum geschlossenes Gehege benötigt, der kann mit einfachen Mitteln aus mehreren Käfigen eine Spiellandschaft für Meerschweinchen bauen. Kaufen Sie Gitterkäfige, bei denen ein Seitenteil leicht herausgetrennt werden kann. Sägen Sie die entsprechenden Seiten der Bodenwanne so aus, dass sie nicht mehr höher als die übliche Einstreuhöhe sind, also etwa 5 cm. Nun können die Käfige einfach aneinander geschoben werden und somit entsteht eine größere Grundfläche. Die Bodenschalen dürfen nicht hoch bleiben. Viele Meerschweinchen haben Probleme beim Überwinden von Rampen und gerade wenn die Tiere sich streiten oder einfach mal loslaufen wollen, stellen die Plastikwände eine Barriere dar. Grundsätzlich sollten in Gitterkäfigen auch zusätzliche Etagen angebracht werden, damit die Meerschweinchen nicht immer nur gegen die Plastikwände schauen müssen. So können sie von der Etage aus ihre Umgebung sehen.

Gitterauslauf

Im Handel gibt es Gitter für den Gartenauslauf für Meerschweinchen und Kaninchen oder auch 23 cm hohe Ausläufe für Hamster. Diese sind geeignet, um leicht und schnell ein Meerschweinchengehege zu erweitern oder daraus zu bauen. Die Gitterelemente können variabel auf einem wasserdichten Untergrund aufgestellt werden.

Eigenbau

Eine schöne und hochwertige Variante ist natürlich ein Eigenbau aus Holz oder Spanplatten. Dieser kann in der Form, Größe und Farbe leicht an die Wohnung angepasst werden.

Der Aufbau dieser Eigenbauten ist im Grunde immer gleich: Auf einem einfachen Gerüst aus viereckigen Hölzern wird eine Bodenplatte angebracht. Darauf werden an drei Seiten Wände angeschraubt und mindestens im vorderen Bereich eine durchsichtige Front befestigt. Auf keinen Fall sollten alle Wände undurchsichtig sein. Meerschweinchen möchten ihre Umgebung im Auge behalten und sehen, was auf sie zukommt. Sie möchten nicht den ganzen Tag gegen Wände starren. Außerdem können die Meerschweinchen so natürlich auch besser beobachtet werden. Die Elemente der Vorderfront sollten nicht zu lang sein, damit sie leicht zu handhaben sind. Bewährt haben sich Elemente von etwa 50 cm Länge. Um diese zu befestigen, werden Pfeiler aufgestellt, in die eine Nut eingefräst wird. Alternativ kann man auch Leisten mit Abstand anbringen. Dort werden dann einfach Plexiglasplatten eingeschoben. So können sie für die Reinigung und als Tür zum Auslauf leicht entfernt werden.

Bei jedem Gehege sollte eine Tür eingeplant werden. Durch diese Tür kommen die Meerschweinchen leicht in ihren Auslauf und der Halter in das Gehege, um es zu reinigen.

Es ist auch möglich, das Gehege ganz aus Plexiglas zu bauen oder sich bauen zu lassen. Da Meerschweinchen allerdings geschützte und dunkle Ruhezonen bevorzugen, ist es für sie schöner, wenn mindestens eine Seite des Geheges abgedunkelt ist.

Statt Plexiglas können auch Seitenteile mit Volierendraht verwendet werden. Dazu werden Holzrahmen erstellt, auf die der Volierendraht aufgetackert wird. Dies ist für die Belüftung von Vorteil, allerdings sieht es nicht sehr schön aus und ist schlecht zu reinigen.

Eigenbauten sind nicht nur dekorativ, sie können auch perfekt an die Wohnung angepasst werden.

Günstiges Klebegehege

Die wohl einfachste Möglichkeit, seinen Meerschweinchen ein großes und dabei extrem günstiges Gehege zur Verfügung zu stellen, ist das Klebegehege. Dafür werden fertige Bastlerglasplatten in der Größe 25 x 50 x 0,2 cm im Baumarkt gekauft. Diese werden an der kurzen Seite mit Gewebeklebeband locker verbunden. Andere Klebebandarten halten leider meist nicht, denn sie sind nicht so elastisch.

Solch ein Gehege kann einfach auf einem urinfesten Untergrund (PVC, CV, Teichfolie, Wachstischdecken etc.) aufgestellt werden. Es steht von allein, wenn es über Eck aufgestellt wird.

Ist eine Seite sehr lang, sodass das Element nicht stabil steht, muss es abgestützt werden. Dazu werden etwa 15 x 15 cm große Plexiglasplattenstücke verwendet. In diese wird mittig eine etwa 7,5 cm große Einkerbung gesägt. In die Seitenelemente des Geheges wird an der Stelle, an der die Stütze angebracht werden soll, ebenfalls so eine Einkerbung gesägt und dann werden Stütze und Randelement einfach ineinandergeschoben.

Erweiterbare Gehege

Sie werden ähnlich verwendet wie die Klebegehege, sind aber robuster. Dafür werden lackierte Sperrholzplatten mit Scharnieren verbunden und aufgestellt. Es ist ebenfalls möglich, einfache Rahmen mit Volierendraht zu beziehen und diese dann mit Scharnieren zu verbinden. Solche Gehege können bei Bedarf schnell erweitert werden.

Beetbegrenzungen

Im Gartenfachmarkt werden viele verschiedene Beetbegrenzungen angeboten. Diese sind meist 20–25 cm hoch und eignen sich auch, um dekorative Meerschweinchengehege zu gestalten. Allerdings sind Beetbegrenzungen und andere undurchsichtige Wände nicht für die Vorderfront geeignet.

In sehr großen Gehegen entstehen dekorative Wohnlandschaften mit Kork, Holz und Heu.

Hier gibt es alles, was das Schweineherz begehrt: Futter, Kuschelsachen und Sicherheit.

Für kleine Rampensauen: Bei Platzmangel kann auch ein Etagengehege eine Alternative sein.

Etagengehege

Bei Platzmangel ist es durchaus möglich, Gehege mit mehreren Etagen anzubieten. Allerdings sind Meerschweinchen reine Bodenbewohner. Etagen bringen ihnen nur etwas, wenn die Grundflächen groß genug sind, um darauf laufen und sich verstecken zu können. Daher sollte die Grundfläche eines Etagengeheges eine Lauffläche von mindestens 2 m Länge und 80 cm Tiefe aufweisen, die Etagen sollten keinesfalls kleiner als 1 m² sein. Damit es unter den Etagen nicht zu dunkel wird, ist ein Abstand von mindestens 30 cm sinnvoll. Wenn die Etagen genauso groß sein sollen wie die Grundfläche, dann sollte man 50 cm Abstand zwischen den einzelnen Stockwerken einplanen. Jede Etage muss so gesichert werden, dass die Tiere nicht herunterfallen können. Vor allem bei den unteren Gehegeabteilen sollte man auf eine gute Belüftung achten. Gitterfenster an den Gehegeseiten können diese Belüftung gewährleisten.

Die einzelnen Etagen erreichen die Meerschweinchen über Rampen. Diese sollten mindestens 20 cm breit sein, damit die Meerschweinchen sich sicher darauf bewegen können. Zu steil dürfen sie nicht sein, sonst

tun sich gerade ältere Tiere etwas schwer damit. Ab 50 ° sind die Rampen flach genug. Damit sie leicht erklommen werden können, sollten sie über eine griffige Struktur verfügen. Dazu können 5 mm hohe, abgerundete Sprossen mit einem Abstand von etwa 5 cm angebracht werden. Es ist auch möglich, die Rampen mit Korkplatten zu bekleben. Diese sind gut zu reinigen und das Laufen auf Kork ist für die Meerschweinchen sehr angenehm.

Etagengehege eignen sich nur für sehr ruhige Gruppen. Gerade bei Böcken oder bei sehr instabilen Gruppen kommt es an den Rampen häufig zu Streit. Unterlegene Tiere werden daran gehindert, die Rampen zu betreten. Deshalb ist es auch sehr wichtig, auf jedem Stockwerk Futter und Wasser anzubieten. Optimal sind Etagengehege allerdings nicht, denn Meerschweinchen brauchen viel Fläche und bewegen sich lieber auf dem Boden.

Ungeeignet

Vivarien, Aquarien, Vollplastikkäfige, Terrarien und alle anderen, rundherum geschlossenen Systeme, eigenen sich nicht. In ihnen staut sich Feuchtigkeit, was zu Lungenproblemen führen kann.

Materialien für den Eigenbau

Hier erhalten Sie einen Überblick über die verschiedenen Materialien, die zum Bau von Meerschweinchengehegen verwendet werden können. Grundsätzlich sollte beim Eigenbau bedacht werden, dass alle Materialien abwaschbar und urinresistent sein müssen. Holz muss versiegelt werden, sonst zieht Feuchtigkeit hinein und es riecht schnell unangenehm.

Baumaterialien

Holz Harzende Hölzer oder solche, die stark riechen (ätherische Öle enthalten), sollten nicht verwendet werden. Fichten-, Tannen-, Lärchen-, Eiben- und Kiefernholz fallen darunter. Die austretenden Harze sind zwar nicht giftig, doch die ätherischen Öle haben einen so starken Eigengeruch, dass sie die Atemwege der Nager stark irritieren. Diese Hölzer sollten nur verwendet werden, wenn sie schon sehr lang abgelagert sind und kein Geruch mehr wahrzunehmen ist. Wesentlich besser eignen sich folgende Holzarten: Buchen-, Birnen-, Birken-, Eschen-, Erlen-, Espen-, Linden-,

Pappel-, Ulmen-, Kirschen-, Walnuss- und Weidenholz. Massivholz ist normalerweise nur wenig mit Schadstoffen belastet und sehr haltbar. Leider ist es auch relativ kostspielig und muss wasserabweisend lackiert werden.

Beschichtete Spanplatten gibt es in unterschiedlichen Farben und Dekoren. Dies erleichtert die dekorative Anpassung an den Wohnraum. Sie bestehen aus gepresstem und verleimtem Holzspan mit einer Beschichtung aus Kunststoffdekor oder Furnier. Werden diese Platten verwendet, müssen sie nur am Rand und an den Bohrlöchern versiegelt werden. Spanplatten enthalten allerdings meist verschiedene Chemikalien und Klebstoffe. Darauf könnten empfindliche Nager und Menschen mit Allergien reagieren. Achten Sie daher beim Kauf auf schadstoffarme Materialien mit entsprechendem Prüfsiegel. Eine günstige Alternative zum Neukauf wäre das Recycling von Hölzern aus gebrauchten Möbeln. Diese enthalten kaum noch Schadstoffe und das Recycling schont die Umwelt.

Unbeschichtete Spanplatten sollten nicht verwendet werden, es sei denn, sie werden vor Gebrauch mit Lack oder Ähnlichem versiegelt.

Leimholz oder Sperrholz besteht aus sehr dünnen Holzplatten, die miteinander verleimt sind. Es ist meistens zu dünn für die Gehegewände, kann aber sehr gut für Etagen eingesetzt werden.

Plexiglas oder Bastlerglas gibt es im Baumarkt in Standardgrößen ab 2 mm Dicke und in verschiedenen Abmessungen fertig zu kaufen. Bastlerglas lässt sich relativ gut mit einer Säge zuschneiden. Plexiglasplatten sind robuster und beim Zuschnitt auch in speziellen Maßen zu bekommen. Beide haben den Vorteil, dass sie urinabweisend sind. Sie eignen sich gut für die Vorderfront und Seiten, da sie einen freien Blick auf die Tiere ermöglichen.

Farbige Bastelplatten gibt es auch in jedem Baumarkt. Sie sind urinabweisend und können sehr leicht verbaut werden. Sie eignen sich, um farbenfrohe Gehegewände zu erstellen.

OSB-Platten (Pressspanplatten) können statt massiver Holzplatten oder herkömmlicher Spanplatten verwendet werden. Sie müssen allerdings auch versiegelt werden.

Siebdruckplatten sind speziell versiegelt und haltbar, allerdings auch schwer und teuer. Sie eignen sich für die Wände und Etagen.

Metallplatten sind schwer zu verarbeiten, einige rosten leicht und sie bieten kein angenehmes Raumklima. Aluminiumplatten können für Boden und Seiten verwendet werden.

Gitter oder Draht

Vierkant- oder Volierendraht mit einem Abstand von 1,2 cm wird häufig für den Bau von Meerschweinchenbehausungen verwendet. Das Gitter ist punktverschweißt und damit sehr stabil. Verzinkter Volierendraht ist allerdings umstritten. Wenn die Tiere zu sehr daran nagen, könnten sie Zink aufnehmen, der sich im Organismus anreichert. Rostfreier Edelstahl ist zwar teurer, aber auf jeden Fall schöner und sicherer. Kunststoffummantelter, meist grün beschichteter Volierendraht, eignet sich nicht. Die Meerschweinchen nagen den Kunststoff ab, danach rostet der Draht.

Kaninchendraht oder 6-Eckgeflecht eignet sich nicht für sichere Eigenbauten. Dadurch, dass der Draht nur miteinander verdrillt wurde, sind die Gitterabstände ungenau, das Gitter kann sich verschieben und schlimmstenfalls kann ein Tier darin stecken bleiben. 6-Eckgeflechte sind natürlich sehr günstig. Ein Gitterabstand von etwa 2 cm wäre für Ausläufe vermutlich ausreichend. Aber so ein Gitter ist nicht sicher, denn Wildtiere können die dünnen Drähte teilweise sogar zerbeißen.

Fertige Käfiggitter oder Vorsatzgitter können beim Volierenbauer in verschiedenen Größen und mit unterschiedlichen Abmessungen gekauft werden.

Im Internet findet man Firmen, die sich auf individuelle Maßanfertigungen spezialisiert haben.

Farbige Gitter sind den Gittern in Chromoptik vorzuziehen. Chromglänzende Gitter reflektieren das Licht, bei Sonneneinstrahlung werden die Tiere geblendet. Durch das reflektierte Licht sind die Tiere hinter einem silberglänzenden Gitter nicht besonders gut zu sehen und somit schwer zu beobachten. Gitter mit einer dunklen Farbe reflektieren kaum Licht und die Tiere sind dahinter sehr gut zu erkennen. Das Gitter wirkt nicht mehr so störend. Alle im Handel erhältlichen Gitterelemente sind mittlerweile pulverbeschichtet. Diese Beschichtung kann von den Tieren nicht abgenagt werden.

Schrauben und Co.

Tacker sind eine gute Möglichkeit, Rückwände oder Volierendraht zu befestigen. Wählen Sie die Tackernadeln passend zur Dicke des Holzes. Zu kurze Nadeln halten nicht, zu lange gehen durch das Holz hindurch und die Tiere können sich an den so entstehenden Spitzen verletzen.

Gitter müssen manchmal sein, sonst verschwinden die kleinen Racker schnell im Garten.

Nägel spalten das Holz meist unschön auf. Sie eignen sich nur, um Kleinteile miteinander zu verbinden.

Schrauben sind unverzichtbar beim Eigenbau. Achten Sie darauf, spezielle Holzschrauben zu verwenden. Kreuzschlitz- oder Sechsrundschrauben (Torxschrauben) sind leichter einzudrehen als Schlitzschrauben. Die Länge der Schrauben richtet sich nach der Dicke des Holzes, sie sollten nie ganz durch das Holz gehen. Bohren Sie die Löcher für Schrauben möglichst vor, sonst spalten die Schrauben das Holz. Verwenden Sie dazu einen Bohraufsatz, der eine Maßeinheit dünner ist als die Schraube.

Holzdübel sind ebenfalls zur Verbindung der Wände geeignet, allerdings sind sie nicht immer ganz leicht zu verarbeiten.

Versiegelung

Damit die Gehege möglichst lange vor dem Urin der Meerschweinchen geschützt sind und leicht gereinigt werden können, müssen alle Holzbauteile versiegelt werden.

Lack eignet sich, um Gehege sicher vor Feuchtigkeit zu schützen. Damit keine giftigen Ausdünstungen entstehen, die den Nagern schaden, empfehle ich Lacke, die für Kinderzimmereinrichtungen zugelassen sind. Besonders schonend sind Lacke auf Wasserbasis. Der Lack sollte immer in mehreren Schichten aufgetragen werden, um das Holz sicher zu versiegeln.

Holzleim auf Wasserbasis eignet sich, um Kanten und Beschädigungen in der Beschichtung auszubessern. Wird er in mehreren Schichten aufgetragen, hält er Urin sicher ab.

Aquariensilikon ist ungiftig und eignet sich, um Schrauben, Seitenteile und Ränder abzudichten.

Dekorfolien sind selbstklebend und können leicht verarbeitet werden. Da sie sehr dünn sind, halten sie den Nagerzähnen nur dann stand, wenn die Tiere keine Angriffsfläche bekommen. Sie müssen also sauber verklebt und an den Rändern umgeschlagen und gesichert werden.

Wachstischdecken, Linoleum und gut ausgedünstetes PVC oder CV eignen sich als urindichter Bodenbelag. Da diese Materialien nicht ungiftig sind, ist es besonders wichtig, dass die Tiere nicht an den Rändern nagen können. Sie müssen gründlich und komplett verklebt werden. Die Ränder werden mit Holz- oder Metallleisten gesichert.

Fliesen bieten im Sommer Kühlung und können als Versiegelung für Etagen dienen. Im Winter sollten sie mit einem Handtuch oder Einstreu abgedeckt werden. Fliesenmatten können auch als Dekorelement im Gehege verarbeitet werden.

Wachs eignet sich als ungiftige Versiegelung für das Holz des Geheges oder der Inneneinrichtung. Wird Naturwachs in dicken Schichten aufgetragen, hält es Flüssigkeit relativ gut ab. Allerdings nutzen sich diese Wachsschichten schnell ab, vor allem, wenn heiß gereinigt wird.

Dekoration

Farben und Lacke auf Wasserbasis können auch zur farblichen Gestaltung des Geheges verwendet werden. Sollen allerdings Einrichtungsgegenstände verschönert werden, ist es sinnvoll, auf Farben zurückzugreifen, die gesundheitlich unbedenklich sind. Meerschweinchen nagen zwar nur selten an der Einrichtung, aber wenn sie es tun, sollten sie keinen Schaden nehmen. Wasserfarben für Kinder sind ungiftig und geeignet, um Hölzer zu bemalen. Die Farben halten länger, wenn sie anschließend mit einer Schicht Tapeten- beziehungsweise Zellulosekleister überzogen werden. Auch Serviettentechnik ist möglich. Dazu wird die äußere Schicht der Serviette auf den zu verschönernden Untergrund aufgelegt. Darauf wird mit einem weichen Pinsel Tapetenkleister aufgetragen. Es eignet sich nur der normale Kleister für Papiertapeten. Dieser wird dicker angerührt und in mehreren Schichten aufgetragen. Eine Versiegelung mit Klarlack für Kinderzimmereinrichtung ist ebenfalls möglich.

Die neue Einrichtung bleibt sauber, wenn alle Holzteile versiegelt werden.

Bunte Stoffe und Stofftunnel könnten ebenfalls zur Gehegegestaltung eingesetzt werden.

Jedes Gehege muss etwa 5 cm hoch mit einem saugfähigen Bodengrund eingestreut werden, der regelmäßig gewechselt wird. Denn Meerschweinchen werden selten stubenrein (siehe Seite 104) und urinieren bevorzugt dort, wo sie sich wohlfühlen.

Kleintierstreu

Die Bereiche unter Schutzhütten und Etagen sind deshalb oft besonders feucht. Als gut saugender Bodengrund hat sich handelsübliche Kleintierstreu aus Spänen bewährt. Allerdings bestehen einige Spanstreuarten aus Weichholzspänen. Diese haben einen starken Eigengeruch und können den Geruchssinn der Meerschweinchen irritieren. Auch mit Duftstoffen oder anderen chemischen Stoffen behandelte Einstreu ist ungeeignet. Ebenfalls verwendet werden können Einstreuarten aus Hanf, Stroh, Buchenholz, Lein, Mais oder anderen Pflanzenmaterialien. Einige dieser Einstreuarten haben einen starken Eigengeruch, andere saugen den Urin nicht optimal auf, und obwohl nahezu alle Einstreuarten damit wer-

ben, dass sie staubarm oder staubfrei sind, stauben alle mehr oder weniger.

Pelletierte Einstreu staubt weniger, hat aber den großen Nachteil, dass die Pellets sehr kantig sind und damit die nackten Füße der Meerschweinchen reizen. Laufen Meerschweinchen dauerhaft über grobe Pellets, kann das zu Ballenabszessen und Schmerzen in den Beinen führen. Werden die Pellets gefressen, kann dies durch das starke Aufquellen der Pellets massive Magenprobleme auslösen.

Klumpstreu sollte nicht verwendet werden. Sie kann nicht nur bei Aufnahme im Magen verklumpen, schon der eingeatmete Staub dieser Einstreu kann Lungenprobleme verursachen.

Gehäckseltes Heu und Stroh

Alle Einstreuarten haben eines gemeinsam: Es ist für die Tiere nicht so angenehm, darauf zu laufen. Teilweise sinken sie zu tief ein, teilweise rutschen sie aus, manche Einstreuarten haben scharfe Kanten oder Spitzen. Deshalb

hat es sich bewährt, weiches Heu oder ge-
häckseltes, weiches Stroh über die Einstreu
zu geben. Diese Materialien haben auch den
Vorteil, dass sie Feuchtigkeit und Köttel nach
unten leiten und die Oberfläche lange sauber
bleibt. Außerdem verhindern sie, dass die Einstreu ständig durch die Gegend fliegt, wenn
ein Tier plötzlich losrennt. Frischfutter, das in
der Holzeinstreu liegt, bekommt eine Panade
aus Holzfasern. Diese sind auch für Meerschweinchen nicht leicht zu verdauen und auf
Dauer wäre das ungesund. Es stimmt übri-
gens nicht, dass es den Meerschweinchen
schadet, wenn Heu als Einstreu verwendet
wird. Das Heu wird zwar mit Urin verschmutzt,
doch die Meerschweinchen fressen das verschmutzte Heu nur im absoluten Notfall, also
nur dann, wenn in den Raufen kein sauberes
Heu angeboten wird. Und das sollte bei einer
guten Tierhaltung niemals passieren. Heu und
Stroh reichen als alleinige Einstreu nicht aus,
da sie kaum Flüssigkeit absorbieren.

In sehr großen Gehegen oder auf wenig ge-
nutzten Etagen ist es nicht unbedingt nötig,
die ganze Fläche einzustreuen. Gerade Bereiche, die vor allem zum Durchlaufen und Ren-

nen eingerichtet wurden, bleiben häufig lange
sauber. Diese Bereiche können auch mit Tüchern ausgelegt werden. Geeignet sind Lei-
nentücher, Bettdecken, Handtücher, Fleece-
decken und alles andere, was gut waschbar
ist. Nagen die Meerschweinchen die Tücher
allerdings stark an oder fressen sie diese
sogar, sollte man auf Tücher verzichten.

Sauberkeit im Gehege

Wöchentliche Gehegereinigungen sind Pflicht.
Auch wenn nach einer Woche noch nicht alles
verschmutzt ist, kommt es bei längeren Reini-
gungsabständen schnell zu Parasitenbefall im
Gehege. Wenn bestimmte Stellen besonders
gern genutzt werden und folglich schnell nass
sind, ist es sinnvoll, dort mehrmals in der
Woche die Einstreu zu tauschen.

Bei der Grundreinigung werden alle Einrichtungsgegenstände aus dem Gehege entfernt und bei Bedarf mit warmem Wasser,
Bürste und bei starken Verschmutzungen
auch mit Seife gereinigt. Dann wird die Einstreu entfernt, Tücher werden gewaschen und

Eine dicke Lage Stroh hält die Gehegefläche
trocken und wird sehr gern angeknabbert.

Im Auslauf sind Tücher, die regelmäßig gewechselt werden, als Untergrund sehr praktisch.

der Boden des Geheges wird gereinigt. Meist reicht es, mit warmem Wasser durchzuwischen. Sind hartnäckige Urinflecken am Boden, können diese mit Essigessenz, Zitronenessenz oder Natron nach einer kurzen Einwirkzeit leicht entfernt werden. Auch die Gehegewände müssen abgewischt werden, da unsere kleinen Ferkel hin und wieder mit Urin spritzen (Siehe Seite 36). Nach dem Trocknen wird das Gehege eingestreut und eingerichtet und die Schweinchen dürfen wieder einziehen, sobald sich der Staub gelegt hat.

Allergien

Die Einstreu der Meerschweinchengehege verursacht nicht nur beim Halter sondern auch bei manchen Meerschweinchen Allergien. Diese zeigen sich unter anderem durch häufiges Kratzen, wunde Stellen im Fell, Fellverlust, Niesen, Nasenausfluss, tränende Augen oder auch Durchfall. Treten solche Symptome auf, ist natürlich unverzüglich ein Tierarzt aufzusuchen. Wenn keine anderen Gründe für die Erkrankung gefunden werden

können, sollten Allergien ausgeschlossen werden. Verwenden Sie eine andere Einstreusorte (z. B. statt Holzspan eine Hanfeinstreu): Die Einstreu sollte nicht parfümiert sein. Nehmen Sie eine andere Heu- und eine andere Strohsorte. Schimmel durch eine falsche Lagerung kann ebenfalls zu allergischen Reaktionen führen.

Manchmal sind neu hinzugekaufte Einrichtungsgegenstände für die Tiere (z. B. aus Holz von Nadelbäumen oder mit schädlichen Stoffen imprägnierte Häuser) oder auch für die Wohnung (Schränke, Teppiche) allergieauslösend. Selbst die so beliebten Kuschelsachen können zum Problem werden, wenn die Meerschweinchen gegen das verwendete Waschpulver und vor allem auf die Duftstoffe im Weichspüler allergisch reagieren. Kernseife oder Waschnüsse werden hingegen meist gut vertragen. Reinigungsmittel jeder Art können Allergien beim Tier auslösen. Mitunter bedarf es vieler kleiner Veränderungen bei der Einstreu, der Haltung und der Fütterung, bis die Allergieauslöser gefunden sind.

Die regelmäßige Gehegereinigung ist manchmal eine ungeliebte Notwendigkeit.

Meerschweinchen können auch in Außenge-
hegen untergebracht werden. Allerdings gibt
es dabei vieles zu beachten, damit die empfindlichen Tiere nicht zu Schaden kommen.

Gewöhnung

Die Meerschweinchen sollten auf jeden Fall
während der warmen Sommermonate an die
Außenhaltung gewöhnt werden. Im Frühjahr
dürfen sie tagsüber erst auf die Wiese gebracht
werden, wenn der Temperaturunterschied zwischen Wohnung und Wiese nicht mehr als 10 °C
beträgt. Der Boden ist meist noch viel kühler.
Wenn es noch Bodenfrost gibt oder nachts die
Temperaturen unter 0 °C fallen, dürfen Woh-
nungsmeerschweinchen auch noch nicht in
Außengehege gebracht werden. Meist sind erste Aufenthalte im Freien ab Mitte Mai möglich.
Ab Mitte September ist es für eine Gewöhnung
an die Außenhaltung und Wiesenausflüge zu
spät. Werden die Meerschweinchen ohne
langsame Gewöhnung an die kälteren Temperaturen hinausgesetzt, sind oft Atemwegs-
oder Blaseninfekte die Folge.

Voraussetzung

Für eine ganzjährige Außenhaltung eignen
sich nur gesunde Tiere. Gerade ältere Meerschweinchen leiden häufig stark unter sehr
heißen Sommern oder kalten Wintern. Sie
sollten klimagemäßigt untergebracht werden,
beispielsweise in geschützten Gartenhäusern,
in denen die Temperatur nicht unter 10 °C
fällt. Trächtige Weibchen oder Neugeborene
vertragen weder Kälte noch große Hitze. Jungtieren fehlt das nötige Körperfett, um sich vor
Kälte zu schützen.

Eine Winteraußenhaltung ist nur für große
Gruppen empfehlenswert. Es müssen so viele
Meerschweinchen sein, dass sie mit ihrer Kör-
perwärme ein Schutzhaus aufwärmen können.
Ab vier Tieren ist eine Außenhaltung möglich.

Nur normale Glatthaarmeerschweinchen
sind ausreichend vor Nässe und Wind geschützt. Langhaarige Rassen haben hingegen
große Probleme. Das Fell ist nicht wasserabweisend, es saugt sich voll, sobald die Tiere
durch den Regen laufen. Schnee friert schnell
am Fell fest. Das lange Fell schützt nicht einmal vor Wind, denn es wird oft auseinander-

geblasen. An den Scheitelstellen dringt der Frost direkt bis zur Haut durch. So sind gerade Tiere mit langem Fell schlechter vor Kälte geschützt, als Tiere mit kurzem Fell. Das lange Fell wird auch im Sommer zur Belastung und muss gekürzt werden (siehe Seite 142).

Auch Rexmeerschweinchen mit ihrem gelockten Fell sind nicht ausreichend vor Regen und Wind geschützt. Diese Tiere müssen in überdachten Gehegen untergebracht werden, zumindest die Hälfte des Geheges sollte überdacht sein. Die Temperaturen im Schutzhaus dürfen nicht zu stark schwanken.

Meerschweinchen, die ganzjährig draußen leben, sollten nicht zeitweise in beheizte Räume genommen werden. Der starke Temperaturabfall, wenn sie wieder hinausgesetzt werden, ist für sie schwer zu kompensieren. Diese Anstrengung kann Atemwegserkrankungen begünstigen.

Muss ein Meerschweinchen aufgrund von Krankheit oder Schwangerschaft ins Haus ziehen, sollte die Temperatur in dem Raum langsam gesteigert werden. Anschließend sollten diese Meerschweinchen bis zum Frühjahr im Haus bleiben, denn eine erneute Gewöhnung an die kalten Außentemperaturen ist im Winter nicht möglich.

Vier verbundene Schutzhütten halten warm.

Sollen die Meerschweinchen im Frühjahr an ein Leben im Garten gewöhnt werden oder die ersten Tagesausflüge auf die Wiese unternehmen, müssen sie vorab langsam an das Grünfutter herangeführt werden. Über einen Zeitraum von mindestens zwei Wochen werden sie mit langsam steigenden Mengen daran gewöhnt, bevor sie große Mengen Grünfutter zur Verfügung haben. Werden die Meerschweinchen ohne Gewöhnung auf die Wiese gesetzt, überfressen sie sich leicht an dem leckeren Grün und es kommt zu Aufgasungen und Durchfall.

Schutzhütte

Die Schutzhütte ist ein elementarer Bestandteil des Geheges. Sie bietet den Tieren nicht nur Schutz vor Wind und Regen, in ihr befinden sich auch ein Heuvorrat sowie Futter- und Wassernäpfe. Damit die Schutzhütte ihre Funktion gut erfüllen kann, sollten die folgenden Kriterien eingehalten werden.

Größe
Drei bis vier Meerschweinchen müssen in einer Schutzhütte bequem Platz finden und dabei trotzdem Abstand voneinander halten können. Eine Grundfläche von mindestens 0,6 m² wäre für zwei bis drei Tiere sinnvoll. Entsprechend der Gruppengröße müssen also mehrere Schutzhütten angeboten werden. Die Höhe der Schutzhütte sollte 40 cm nicht unterschreiten, nur dann kann sie hoch genug eingestreut werden, sind Etagen möglich und es herrscht eine ausreichende Luftzirkulation.

Aufbau
Damit die Schutzhütte gut isoliert ist und sowohl Hitze als auch Kälte abhält, sollten die Wände entsprechend dick sein. Massivholzbretter ab einer Stärke von 15 mm sind dafür geeignet. Schutzhütten, die nur für die Sommeraußenhaltung gedacht sind, dürfen auch

aus dünnerem Holz bestehen. Im Fachhandel werden fertige Kaninchenställe für die Außenhaltung verkauft. Diese können auch verwendet werden, müssen aber im Winter zusätzlich gedämmt werden. Für die Dämmung eignen sich Styropor oder Dämmmatten aus dem Fachhandel. Sie müssen so angebracht werden, dass die Tiere sie nicht annagen können. Auf eine ausreichende Luftzirkulation ist dabei dringend zu achten. Bei unzureichender Luftzufuhr kommt es schnell zu Kondenswasser in den Hütten und damit zu ungewollter Feuchtigkeit und Schimmel. Löcher am oberen Teil der Hütte können der Belüftung dienen. Sie werden so angebracht, dass die Tiere nicht direkt davor sitzen können. Der Deckel der Schutzhütte sollte aufklappbar sein, damit die Meerschweinchen darin leicht versorgt werden können. Liegt der Deckel der Schutzhütte nicht ganz auf der Hütte auf, befindet sich also ein ca. 1 cm breiter Spalt zwischen Deckel und Wand, gewährleistet das ebenfalls eine ausreichende Luftzirkulation. Es wäre optimal, wenn die Schutzhütte über zwei separate Eingänge an beiden Seiten verfügen würde, damit unterlegene Tiere im Falle eines Streits die Schutzhütte leicht verlassen können, wenn das ranghöhere Tier vor dem Eingang steht. Damit es in der Hütte nicht zieht, wird der Eingang durch eine Trennwand vom Innenraum getrennt, der Durchgang befindet sich dann im hinteren Bereich des Geheges. Die Schutzhütte muss von innen gegen Urin und von außen gegen Feuchtigkeit geschützt werden. Dafür wird sie von außen geölt oder lasiert und von innen mit einer dicken Lackschicht überzogen. Die Schutzhütte sollte nicht direkt auf dem Boden stehen, eine Erhöhung von wenigen Zentimetern sorgt dafür, dass sich darunter eine isolierende Luftschicht bildet.

Es ist möglich, ein großes Schutzhaus anzubieten. Kleine Gartenhäuser, große Hundehütten oder Garagen eignen sich. Darin werden Häuser, Etagen und andere Unterstände angeboten.

Häuser dürfen auch in den Schutzhütten nicht fehlen, damit sich die Tiere sicher fühlen.

Einrichtung

In der Schutzhütte sollte über die Hälfte der Fläche eine zusätzliche Etage angebracht werden. Sie dient als Rückzugsmöglichkeit und Unterschlupf. Auf der Etage werden Frischfutter und Wasser sauber angeboten. Eine große Heuraufe muss ebenfalls Platz finden. Der Boden der Schutzhütte wird dick eingestreut, im Winter wirkt eine dicke Strohschicht isolierend.

Standort

Die Schutzhütte muss so aufgestellt werden, dass sie immer im Schatten steht. In der prallen Sonne würde sie sich zu stark aufheizen, vor allem während der Sommermonate. Normalerweise würden die Tiere die Hütte verlassen, wenn es zu heiß wird, doch gerade bei Rangproblemen oder wenn zu wenig andere Unterstände vorhanden sind, ziehen sich die Tiere auch in zu warme Schutzhütten zurück, wo es zu einer Überhitzung kommen kann. Achten Sie vor dem Aufstellen der Schutzhütte und des Auslaufes einen Tag lang auf den Stand der Sonne, um den optimalen Standort zu finden.

Die Schutzhütte wird an der windgeschützten Seite des Geheges aufgestellt. Die Meerschweinchen dürfen darin keinem Durchzug ausgesetzt sein. Werden unisolierte Ställe mit vergitterter Vorderfront verwendet, muss diese zu der Seite zeigen, die windgeschützt ist. Es ist leicht, herauszufinden, welche Seite im Garten dem Wind und Regen am meisten ausgesetzt ist. Dafür schaut man sich einfach die Bäume im Garten an: Die Seite, auf der eine grüne Moosschicht zu finden ist, ist die Wetterseite, von dort kommen vor allem Wind und Nässe.

Schutzhütte und Gehege sollten nicht zu nah an giftigen Hecken (Thuja, Eibe) oder anderen giftigen Pflanzen und Bäumen stehen. Achten Sie darauf, dass keine Blätter von giftigen Bäumen oder Sträuchern in das Gehege fallen können. Mülleimer und Komposthaufen in der Nähe des Geheges ziehen Fliegen und anderes Ungeziefer an. Gartenteiche sind Brutstätten für blutsaugende Insekten, die in großen Mengen den Meerschweinchen ganz schön zusetzen können. Achten Sie also auch hier auf einen ausreichenden Abstand zum Gehege.

Auslauf

Meerschweinchen in Außenhaltung benötigen sehr viel Platz. Im Winter müssen sie sich durch Bewegung warm halten, im Sommer brauchen sie die Möglichkeit, kühle Plätze aufzusuchen. Sie brauchen Platz, um zu laufen, zu schlafen und auch, um sich bei Streitigkeiten aus dem Weg zu gehen. Pro Meerschweinchen muss also auch der Außenauslauf über mindestens 0,5 m², besser 1 m², verfügen.

Sind die Meerschweinchen nur tagsüber im Auslauf, reicht es in der Regel, den Auslauf von den Seiten und von oben zu schützen. Eine Absteckung ist sehr wichtig, denn Katzen, Hunde und Vögel können sonst leicht in den

Auslauf gelangen und den Meerschweinchen schaden. Einfache Gitterelemente mit Katzenschutznetz darüber sind nur dann sicher, wenn keine großen Hunde in der Nähe sind, denn diese können solche Gehege einfach umwerfen. Der Auslauf braucht nur eine Höhe von mindestens 40–50 cm. Werden die Meerschweinchen tagsüber in so einem Auslauf untergebracht, sollte dieser so stehen, dass der Besitzer ihn gut im Auge behalten kann. Diese Ausläufe sind nicht ganz sicher, deshalb muss der Halter schnell eingreifen können, falls sich doch einmal ein fremdes Tier (beispielsweise eine Katze) zu intensiv daran zu schaffen macht. Solche Tagesausläufe sind dann sinnvoll, wenn die Tiere nur zum Grasen hinauskommen. Dies ist nur bei kleinen Gruppen möglich. Je größer die Gruppe ist, umso schwerer wird es, die Tiere umzusetzen, denn schon das Einfangen und Transportieren verursacht in großen Gruppen wesentlich mehr Stress. Kleinere Gehege bis 3 m² können auch relativ einfach auf der Wiese umgesetzt werden, sodass den Meerschweinchen immer frisches Grün zur Verfügung steht.

Wenn die Meerschweinchen dauerhaft in dem Gehege untergebracht werden sollen, wäre auch ein Schutz von unten sinnvoll, außerdem sollte das Gehege etwas robuster gebaut werden. Dies hat allerdings den Nachteil, dass es dann nicht mehr versetzt werden kann und das Grün schon nach kurzer Zeit abgefressen ist.

Ein beständiger Auslauf muss von allen Seiten gesichert sein, um dafür zu sorgen, dass Hunde, Katzen, Greifvögel, Marder und andere Tiere, die den Meerschweinchen gefährlich werden könnten, keinen Zugang zum Gehege erlangen können.

Für die Seitenteile werden üblicherweise Holzrahmen mit Volierendraht verwendet. Der obere Bereich wird bei kleinen Gehegen mit einzelnen, aufklappbaren Gitterdeckeln versehen. Große Gehege bekommen ein engmaschiges Katzenschutznetz oder werden auch mit Volierendraht gesichert. Es hat sich allerdings bewährt, große Gehege so hoch zu bauen, dass der Mensch darin stehen kann, das erleichtert die Reinigung. Eine weitere Variante ist das sogenannte „Pyramidengehege". Hier werden die Seitenteile nicht senkrecht, sondern im Winkel von etwa 60° zueinander aufgestellt. So ergibt sich eine Pyramidenform, die den Vorteil hat, dass keine zusätzliche Dachkonstruktion nötig ist. Das Pyramidengehege wird so groß gebaut, dass ein Mensch in der Mitte aufrecht stehen kann.

Tagesauslauf für Wohnungsschweinchen, neben der Terrasse gut bewacht von den Besitzern.

Auslauf für Außenhaltungsschweinchen, rundherum gesichert mit Zäunen und Schutzhütten.

Es gibt mittlerweile im Handel auch viele fertige Auslaufgitterelemente und große, fertige Gehege zu kaufen, die geeignet wären. Ausreichend große Meerschweinchengehege mit Auslauf sind allerdings nur selten zu bekommen. Stattdessen kann man mehrere kleine Gehege miteinander verbinden, um eine größere Grundfläche zu erhalten.

Die Windseite des Auslaufs sollte mit einer festen Holzwand gesichert werden. Ist dies nicht möglich, sollte dort zumindest eine wasserdichte Plane für Schutz sorgen. An dieser Holzwand werden auch die Schutzhütten aufgestellt, damit die Meerschweinchen vor Wind, Regen, Schnee und praller Sonne geschützt sind. Bei starken Regen- oder Schneefällen ist es sinnvoll, den Auslauf zumindest teilweise mit einer Plane abzudecken. Man sollte darauf achten, dass mindestens die Hälfte des Auslaufs trocken ist und im Schatten liegt.

Wird das Gitter am Rand etwa 30 cm tief in den Boden eingegraben, können sich auch Marder und andere grabende Räuber nicht mehr unter dem Gitter durchbuddeln und in das Gehege gelangen. An den Rändern können auch Gehwegplatten senkrecht eingelassen werden, um Schutz zu bieten. Es ist ebenso möglich, den Rasen etwa 10 cm tief abzutragen, dort ein rostfreies Gitter auszulegen und anschließend den Rasen wieder aufzulegen. Der Boden des Auslaufs kann auch aus Beton gegossen oder mit Waschbeton- oder Steinplatten ausgelegt werden.

Einstreu im Auslauf

Wenn der Auslauf mit Steinboden ausgelegt ist, wird er im Winter komplett eingestreut. Nur im Sommer darf ein Teil davon offen liegen, damit die Meerschweinchen sich dort abkühlen können. Auch abgefressene Wiesen, die nur noch aus Erde oder gar Matsch bestehen, werden abgedeckt. Dafür eignet sich Rindenmulch besonders gut, auch Sandkastensand kann verwendet werden. Allerdings ist die Reinigung nicht ganz so leicht, vor allem die Pinkelecken müssen regelmäßig gesäubert werden. Ist der Auslauf überdacht und somit vor Regen und Schnee geschützt, kann er auch mit normaler Einstreu und Stroh eingestreut werden.

Grüner Auslauf

Eine Bodenbegrünung des Auslaufs ist nur dann möglich, wenn das Gehege versetzt werden kann oder die Grundfläche 2 m² pro Tier deutlich übersteigt. Sonst ist das Grün zu schnell abgefressen. Sehr große Gehege können in der Mitte geteilt werden, sodass immer nur eine Hälfte des Auslaufs begehbar ist und die Pflanzen auf der anderen Seite nachwachsen können. Gut eignen sich verschiedene Grassorten, vor allem Rasen für Halbschatten

und Schatten wächst recht gut. Alle schnell wachsenden Kräuter und Blumen, die Meerschweinchen auch fressen dürfen, können ebenfalls verwendet werden. Dazu zählen der beliebte Löwenzahn, Giersch, Vogelmiere, Schafgarbe, Klee und Spitzwegerich.

Sträucher dienen den Meerschweinchen als Futter, sie sind dekorativ und spenden im Sommer Schatten. Allerdings werden sie mit Stumpf und Stiel gefressen, wenn sie nicht gesichert sind. Deshalb bekommen alle Sträucher eine Gittermanschette, damit die Tiere nur an den Zweigen nagen können, nicht aber den Stamm beschädigen. Man kann die Sträucher auch in große Töpfe einpflanzen oder den unteren Teil mit Beetbegrenzungen schützen. Gut geeignet sind Haselnuss, Johannisbeere, stachellose Brombeere und Heidelbeere. Achten Sie darauf, dass im Auslauf keine giftigen Pflanzen (siehe Seite 115) zu finden sind. Suchen Sie ihn regelmäßig danach ab.

Genau hier gehört so ein kleines Schweinchen hin, auf die grüne Wiese mitten ins Futter.

Einrichtung

Meerschweinchen nutzen den Auslauf nur dann, wenn sie sich sicher fühlen. Korkröhren und Zweigbrücken bieten Sichtschutz und können so angeordnet werden, dass die Meerschweinchen einen sicheren Rundgang durchs Gehege erhalten. Schutzhütten, Holzetagen, sehr große Wurzeln zum Darunterkriechen und Steinhöhlen aus Schiefersteinplatten strukturieren das Gehege ebenfalls und schützen vor Sonne und Regen. Tonröhren und Pflanzsetzsteine bieten feste Unterstände. Selbstverständlich dürfen Wassernäpfe und Heuraufen nicht fehlen.

Sommerfrische auf dem Balkon

Es ist auch möglich, Meerschweinchen auf einem großen Balkon zu halten. Grundsätzlich gelten hier die gleichen Regeln wie bei der Außenhaltung. Sie benötigen eine Schutzhütte, verschiedene Futterplätze und Verstecke. Häufig reichen die vorhandenen Balkonbrüstungen nicht aus, um die Meerschweinchen ausreichend zu schützen. Falls die Balkonumrandung nicht bis zum Boden reicht, muss nachgebessert und ein Gitter angebracht werden. Auch wenn der Balkon nicht im Parterre liegt, muss er mit einem Katzenschutznetz gesichert werden, da manche Katzen wahre Kletterkünstler sind und auch auf höhere Balkone kommen. Das Netz schützt außerdem vor Raubvögeln. Kalte Betonböden oder Fliesen können zu Erkältungskrankheiten sowie Nieren- und Blasenerkrankungen führen. Der Boden sollte also zumindest zu einem Teil eingestreut oder mit waschbaren Teppichen ausgelegt werden. Südbalkone werden im Sommer sehr heiß und sind daher oft nicht geeignet. Damit die Meerschweinchen bei Regen trotzdem Auslauf bekommen, hat es sich bewährt, durchsichtige Plastikplanen am oberen Balkonrand anzubringen. Diese werden bei Bedarf über den Auslauf gerollt und bei gutem Wetter wieder zusammengerollt.

Auch im Tagesauslauf dürfen Verstecke, Futter, Wasser und Heu nicht fehlen.

Die frische Luft, gesundes Wiesengrün und viel Auslauf in großen Gehegen unterstützen bei der ganzjährigen Außenhaltung das Wohlbefinden der Meerschweinchen. Kälte und Hitze können ihnen allerdings auch zusetzen. Deshalb müssen die Meerschweinchen vor jeder extremen Witterung gut geschützt untergebracht werden.

Frostige Zeiten

Meerschweinchen bilden kein spezielles Winterfell aus wie beispielsweise Kaninchen. Werden sie rechtzeitig an die Außenhaltung gewöhnt, ist ihr Fell meist etwas dicker und sie können wesentlich besser mit Kälte umgehen, als Meerschweinchen, die aus Wohnungshaltung in die Kälte kommen. Dennoch sind Meerschweinchen nicht gut gegen Kälte geschützt. Vor allem an ihren nackten Füßen und an den Ohren kommt es schnell zu Erfrierungen. Bei Kälte zittern die Tiere stark, um sich aufzuwärmen, und verbrauchen dabei viel Energie. Bewegung hält warm, deshalb ist Auslauf auch im Winter wichtig.

Isolierte Schutzhütten

Grundsätzlich sollte es in den Schutzhütten nie zu kalt werden, die Temperatur in der Schutzhütte sollte auch im Winter mindestens 10 °C betragen. In sehr kalten Wintern sollte man zusätzliche Wärmequellen anbieten, um die Temperatur zu halten. Spezielle Wärmekissen, die in der Mikrowelle aufgewärmt werden und die Wärme einige Stunden halten, haben sich bewährt. Sie müssen allerdings häufig ausgetauscht werden und bieten den Tieren nur dann genügend Wärme, wenn sie direkt darauf liegen. Wärmflaschen halten die Wärme nicht lange genug und helfen in kalten Wintern nicht. In größeren Schutzhäusern können auch spezielle Wärmelampen angebracht werden, allerdings muss die Lampe so angebracht werden, dass die Tiere ausweichen können und die Schutzhütte nicht zu stark aufheizt.

Alle Tiere sollten jederzeit Zugang zu den Schutzhütten haben. Bei Rangkämpfen kann es dazu kommen, dass unterlegene Tiere auch bei großer Kälte nicht die Schutzhütten aufsuchen, weil sie sofort vertrieben werden. Fällt Ihnen auf, dass einzelne Tiere sich viel im

Freien aufhalten, beobachten Sie die Rangordnung gut und achten Sie darauf, ob die Tiere wirklich freiwillig außerhalb der Schutzhütte sind. Notfalls müssen weitere Schutzhütten aufgestellt werden.

Fallen die Temperaturen über einen längeren Zeitraum unter 0 °C, ist eine geschützte Unterbringung der Tiere in einer Garage, einer Scheune, einem Keller oder einem anderen geschützten, nicht zu warmen Raum nötig.

Wasser und Futter

Das Wasser muss eisfrei gehalten werden. Für Tränken gibt es isolierende Überzüge oder auch Heizspiralen. Für Näpfe gibt es Heizplatten. Bei leichtem Frost reicht es auch, einen Tischtennisball in den Wassernapf zu geben oder etwas anderes, das darauf schwimmt.

Im Winter wird mehr Wurzelgemüse verfüttert, auch energiereiches Futter kann nötig werden (siehe Seite 129). Achten Sie darauf, dass das Gemüse nicht einfriert, und verfüttern sie es vor allem in den Schutzhütten.

Warme Sommer

Sowohl in der Wohnungshaltung, als auch in der Außenhaltung können heiße Sommer zu einem Problem werden. Meerschweinchen vertragen hohe Temperaturen nur sehr schlecht. Spätestens ab 30 °C droht den Tieren ein Hitzschlag. Deshalb sollten sich die Meerschweinchen notfalls abkühlen können. Bei langhaarigen Tieren kürzt man das Fell auf eine natürliche Länge, vor allem am After, damit sich die Tiere sauber halten können. Sind After und Bauch mit Kot und Urin verklebt, nisten sich gern Fliegenmaden ein und das bedeutet oft das Ende des Meerschweinchens.

Das Gehege muss gut belüftet sein. Lüften Sie am Morgen und am Abend, wenn es kühler ist, und halten Sie über Tag das Fenster geschlossen, wenn die Tiere innen gehalten werden. Die Luft darf sich nicht im Gehege stauen.

Die Meerschweinchen sollten die Möglichkeit haben, auf freiem Gelände kühle und gut belüftete Schattenplätze aufzusuchen.

Schatten und feuchte Tücher

Vermeiden Sie direkte Sonneneinstrahlung im Meerschweinchenzimmer, dunkeln Sie das Zimmer ab und hängen Sie feuchte, helle Tücher vor die Fenster, um die Temperatur durch Verdunstung zu senken. Das Außengehege sollte sich zumindest zum Teil im Schatten befinden, wobei man bedenken sollte, dass die Sonne wandert. Häuschen allein reichen nicht als Schattenspender aus, denn unter ihnen staut sich die Hitze. Bieten Sie stattdessen gut belüftete Etagen oder Unterstände ohne Wände an. Büsche und Sträucher sind beliebte Schattenspender, auch Sonnensegel sind schnell aufgestellt.

Auf keinen Fall dürfen Meerschweinchen im Sommer in einem handelsüblichen Gitterkäfig (Plastikbodenschale und Gitteraufsatz) ohne weiteren Schutz und Auslauf auf den Balkon oder in den Garten gestellt werden. Der bei manchen Haltern beliebte Rasenaus-

Schattige Plätze sind im Sommer besonders wichtig und dürfen in keinem Auslauf fehlen.

Da muss sich das Meerschweinchen ganz schön anstrengen, um an die Melone heranzukommen.

Und wenn die Melone dabei herunterfällt, dann wird das Tierchen noch länger.

lauf unter einem kleinen Käfigoberteil ist bei starker Sonneneinstrahlung für die Meerschweinchen lebensgefährlich!

Kommen die Tiere für wenige Stunden ins Freie, bieten sich dafür die frühen Morgen- oder späten Abendstunden an. In der Mittagshitze bleiben die Meerschweinchen lieber an einem kühleren Ort. Leben die Tiere ganztags draußen, sollten zu jeder Zeit genügend Schattenplätze vorhanden sein.

Transport bei warmem Wetter

Bei starker Hitze sollte man auf Transporte verzichten. Wenn es sich nicht vermeiden lässt, sollte man gut belüftete Gitterkäfige (Hamsterkäfige) verwenden. Legen Sie den Transport in die Morgen- oder Abendstunden. Schalten Sie die Klimaanlage im Auto ein, doch kühlen Sie es nicht zu stark herunter, damit die Tiere keinen Schock erleiden, wenn sie wieder in die Wärme kommen. Die Meerschweinchen dürfen keinesfalls längere Zeit unbeaufsichtigt im Auto bleiben, denn dort besteht die Gefahr des Hitzschlags. Autos heizen sich in der Sonne sehr schnell auf und erreichen Temperaturen von 40-50 °C, auch wenn es außen gar nicht so heiß ist. Bleiben Sie bei jedem Transport bei

dem Tier, kontrollieren Sie seinen Zustand regelmäßig, bieten Sie Wasser und Gemüse im Transportkäfig an und halten Sie die Transportzeit so kurz wie möglich.

Kühlung

In der Wohnung kann ein Klimagerät für angenehme Temperaturen sorgen. Kühlen Sie die Räume nicht zu stark, nur um wenige °C. Das Klimagerät sollte nicht direkt neben dem Gehege stehen oder darauf zeigen.

Legen Sie Fliesen ins Gehege, sie sind schön kühl und als Liegeplatz sehr beliebt. Auch ein Sandkasten wird gern genutzt. Eine Flasche mit gefrorenem Wasser (die Flasche nur ¾ füllen, sonst platzt sie im Gefrierfach), in ein Küchentuch gewickelt, wird gern angenommen. Kühlakkus, die in eine Leinentasche gesteckt und am Gehegerand aufgehängt werden, bieten eine kühle Alternative. Die Tiere können sich darunterlegen, ohne diese anzunagen. Feuchte Handtücher können ebenfalls angeboten werden, z. B. über einen Korb oder über einen Wäscheständer gelegt, damit die Tiere darunterkrabbeln können.

Gehegestruktur und Einrichtung

Auch das größte Gehege wird erst verhaltensgerecht, wenn es den Bedürfnissen der Tiere entsprechend eingerichtet ist. Die Meerschweinchen benötigen Rückzugsmöglichkeiten, in denen eine Kleingruppe Platz hat und sich die einzelnen Tiere mit entsprechendem Abstand voneinander hinlegen können. Meerschweinchen benötigen Flächen, um zu laufen. Diese Laufbereiche sollten über sichere Wege verfügen, damit sie gern angenommen werden. Futter- und Wasserstellen müssen vorhanden sein, Kuschelplätze und Spielsachen sind wünschenswert.

Immer an der Wand lang

Einrichtungsgegenstände können von Meerschweinchen nur dann effektiv genutzt werden, wenn sie an der richtigen Stelle stehen und nicht im Weg sind. Ein wichtiger Punkt bei der Gehegestrukturierung ist der, dass Meerschweinchen sehr gern am Rand des Geheges entlanglaufen. Böcke kontrollieren gern ihre Reviergrenzen, beide Geschlechter bevorzugen sichere Wege entlang der Wände. Deshalb

sollten diese Wege nicht verstellt werden. Höhlen und Verstecke werden bevorzugt genutzt, wenn sie in einer Ecke oder in einem dunkleren Bereich stehen. Dafür eignet sich die Gehegerückwand am besten. Röhren und Brücken werden lieber angenommen, wenn sie den Meerschweinchen einen sinnvollen Weg durch das Gehege bieten. Sie sollten also ringförmig aufgestellt werden, sodass die Tiere leicht durch sie hindurchlaufen oder sie durch die Röhren andere wichtige Orte gut erreichen können, wie den Futterplatz. Dabei simulieren diese Röhren die Pfade, die sich wilde Meerschweinchen im hohen Gras anlegen. Allerdings darf die Lauffläche auch nicht zu vollgestellt sein, ein Bereich von gut 25 cm Breite und 2 m Länge wäre in jedem Gehege als Rennbahn wünschenswert.

Futterplatz

Der Platz, an dem die täglichen Fütterungen stattfinden, muss so groß sein, dass alle Meerschweinchen der Gruppe bequem dort stehen und fressen können und es gleichzeitig möglich ist, viel Abstand zueinander zu halten. Dann kommt es nicht zu Streit um das Futter und auch rangniedere Tiere haben eine Chance, gemeinsam mit der Gruppe zu fressen. Für den Tierhalter sollte dieser Platz leicht zugänglich sein, damit Futterreste problemlos entfernt werden können.

Verstecke

Meerschweinchen sind Fluchttiere, die sich einen großen Teil des Tages in sichere Verstecke zurückziehen. Normalerweise bewohnt eine Gruppe, bestehend aus bis zu vier erwachsenen Meerschweinchen und deren Jungen, eine Höhle oder ein Versteck. Die Meerschweinchen haben das Bedürfnis, ihre Artgenossen zu sehen, um sich in der Gruppe sicher zu fühlen, sich aber gleichzeitig vor Feinden zu verstecken. Da ihre Hauptfeinde in der Luft leben, ist ihnen der Schutz von oben besonders wichtig. Allerdings sind Meerschweinchen auch echte Individualisten. Sie sehen ihre Artgenossen gern und sie liegen in einer Höhle zusammen, ohne sich zu berühren oder zu kuscheln und jedes Meerschweinchen verteidigt seinen Schlafplatz gegen andere. Deshalb ist der ideale Unterschlupf oben geschlossen und groß genug, um eine ganze Gruppe Meerschweinchen unterzubringen.

Häuser

Früher wurde gern dazu geraten, Häuser in die Gehege zu stellen, damit die Meerschweinchen sich verstecken können, und zwar möglichst ein Haus pro Tier. Allerdings entsprechen die meisten Häuser nicht den Bedürfnissen der Meerschweinchen. Häuser sind selten groß genug, sodass zwei Tiere bequem darin liegen können. Daher passt keine ganze Gruppe hinein, sondern immer nur einzelne Tiere. Die meisten Häuser haben nur einen Eingang an der Vorderseite. Dies führt zu verschiedenen Problemen: Unsichere Tiere verlieren den Überblick, wenn sie allein in so einem Haus sitzen. Sie können schlecht hinausschauen, weil sie von Wänden umgeben sind, sie sehen ihre Artgenossen nicht und sind auf sich allein gestellt. Das kann dazu führen, dass sie wesentlich ängstlicher reagieren. Sitzt ein unterlegenes Meerschweinchen in so einem Haus und kommt ein ranghöheres hinein, müsste das unterlegene Meerschweinchen nach hinten ausweichen und dem anderen Tier Platz machen. Da nur eine Tür vorhanden ist, müsste es direkt auf das hereinkommende Tier zugehen, um den Rückzug anzutreten, doch das Aufeinanderzugehen wird unter Meerschweinchen als Affront gewertet. Daher kommt es in Häusern immer wieder zu Streit, der vermeidbar wäre. Das überlegene Meerschweinchen wird ungemütlich und greift manchmal sogar an. Das unterlegene Tier kann nicht nach hinten ausweichen, was es aber nach der Meerschweinchenetikette müsste.

Vornehme Meeries wohnen in einer Burg.

Eingänge und Größen

Wer nicht auf ein Haus verzichten möchte, sollte auf jeden Fall darauf achten, dass mindestens zwei, besser mehrere Türen an verschiedenen Seiten existieren, die groß genug sind, damit ein Meerschweinchen sie schnell findet und leicht flüchten kann. Eine Seitenlänge ab 35 x 35 cm und eine Höhe ab 12 cm bietet zwei Tieren genügend Platz. Größere Häuser wären noch schöner.

Die Sache mit dem Fenster

Damit die Meerschweinchen hinausschauen können, sind in vielen Häusern Fenster angebracht. Das ist eigentlich sinnvoll, denn Meerschweinchen möchten ihre Umgebung im Auge behalten. Doch die meisten Fenster sind rund und so klein, dass nur junge Meerschweinchen hindurchpassen. Werden die Tiere größer oder hat der Bauchumfang nach der Fütterung zugenommen, bleiben die Meerschweinchen in den Fenstern stecken. Das passiert leider wirklich häufig. Deshalb sollten alle runden Fenster entweder mit einem Fensterkreuz versehen werden, damit sich die Tiere nicht mehr durchzwängen können, oder sie werden zu einer weiteren Tür ausgesägt. Gut geeignet sind einfache Unterstände, die vorne – besser vorne und hinten – offen sind. Häuser und Unterstände können auch leicht selbst gebaut werden. Viele Beispiele sind im Internet zu finden.

Etagen und Unterstände

Etagen dienen als Unterschlupf, als Gehegeerweiterung und als Rückzugsort. Gerade rangniedere oder sehr gestresste Meerschweinchen ziehen sich gern auf sichere Etagen zurück, um dem Stress im Hauptgehege zu entgehen. Ist die Etage groß genug (ab 1 m² Bodenfläche), dient sie auch als zusätzliche Lauffläche. Doch der Hauptgrund, warum Etagen in verschiedenen Größen im Gehege nicht fehlen dürfen, ist, dass sie als Unterschlupf für Meerschweinchengruppen optimal geeignet sind. Etagen ab 0,5 m² Fläche und einer

Viele Häuser und Dächer bieten den Tieren Schutz und Ruheplätze.

Aus seinem sicheren Versteck ruft das vorwitzige Meerschweinchen lautstark nach Futter.

Etagen sind beliebte Rückzugsorte, hier fühlen sich die Tiere sicher.

Höhe von 15–25 cm bieten mehreren Tieren aus einer Gruppe ein sicheres Dach über dem Kopf. Die Meerschweinchen haben darunter genügend Platz, um sich aus dem Weg zu gehen. Sie können nebeneinander liegen, aber es ist so viel Platz, dass immer noch ein Meerschweinchen dazwischen passen würde. Die Fluchtwege sind frei, die Tiere können hindurchlaufen. Die Meerschweinchen werden nicht durch Wände in ihrer Sicht behindert und behalten den Überblick.

Einbaumöglichkeiten

Es gibt viele Möglichkeiten, um Etagen im Gehege zu integrieren. Die Etagen können aus verschiedenen Materialien bestehen: Holz, Spanplatten oder auch leichte Sperrholzplatten sind geeignet, sie müssen natürlich urinfest versiegelt werden (siehe Materialkunde Seite 76).

In kleineren Holzgehegen kann man die Etagen fest installieren. Dazu werden große Bretter mit einer Mindesttiefe von 50 cm in das Gehege eingepasst und mit drei Wänden fest verschraubt. Allerdings ist dann die Reinigung unter diesen Etagen mühsam. Etwas leichter wird es, wenn an drei Rändern des Geheges dicke Leisten angebracht werden, auf die die

Etage gelegt wird. So kann sie zum Reinigen herausgenommen werden.

Bei größeren oder leicht gebauten Gehegen sind Tischetagen empfehlenswert. Dazu werden vier Tischbeine unter ein möglichst leichtes Holzbrett geschraubt. Diese müssen natürlich auch lackiert werden. Sollen größere Flächen angeboten werden, hat es sich bewährt, sie in kleine Tische, nicht größer als 80 x 60 cm, aufzuteilen, damit diese bei der Reinigung des Geheges leicht herausgenommen werden können. Selbstverständlich können auch Couchtische umfunktioniert werden. Sie sind meistens zu hoch, deshalb werden entweder die Tischbeine gekürzt oder Haken eingeschraubt und eine Hängematte eingehängt. Dann dient der Tisch zwar nicht mehr als Etage, die als Fläche genutzt werden kann, aber er bietet eine tolle Hängemattenaufhängung und darunter einen Unterschlupf.

Für die Außenhaltung eignen sich Steinetagen als Unterschlupf. Schnell und einfach aufgebaut ist die Etage aus Ziegelsteinen mit Schieferplatte oder großer Kachel als Dach. Achten Sie bei Steinetagen immer darauf, dass sie auch bei Wind fest stehen und nicht umstürzen können. Größere Bauten können mit Aquariensilikon befestigt werden.

Rampen und Treppen

Jüngere Meerschweinchen haben häufig gar kein Problem damit, auf Etagen bis 20 cm zu springen. Die älteren Semester tun sich etwas schwerer und benötigen Hilfsmittel, um auf die nächste Ebene zu gelangen. Am häufigsten werden Rampen verwendet. Sie werden an der Etage mit Scharnieren befestigt, damit sie etwas flexibler sind, wenn die Streuhöhe variiert. Die Rampe sollte nicht zu steil (unter 50°) und 20 cm breit sein, damit sich die Meerschweinchen sicher fühlen. Damit sie Halt auf der Rampe haben, hat es sich bewährt, diese mit Korkplatten zu bekleben. Auflagen aus Dachpappe eignen sich ebenfalls. Man kann auch Streben im Abstand von etwa 5–8 cm aufkleben, sie sollten allerdings niedrig und rund sein, damit keine scharfen Kanten in die Meerschweinchenfüße einschneiden. Große Weidenbrücken können ebenfalls als Rampen verwendet werden. Rampen werden lieber benutzt, wenn sie auf einer Seite an einer Wand angrenzen, das bietet Sicherheit. Geländer sind nicht sinnvoll, denn im Stress versuchen manche Meerschweinchen, daüberzuspringen, wobei sie sich verletzen können.

Auch Treppen sind möglich. Häufig reicht es aus, eine niedrigere Etage von 10 cm Höhe und einer Fläche von gut 20 x 20 cm oder größer vor die eigentliche Etage zu stellen. Über diese klettern die Meerschweinchen hoch.

Tunnel

Meerschweinchen nutzen fast jede Art von Tunnel gern, um durch ihre Welt zu laufen. Tunnel bieten Sichtschutz und damit Sicherheit. Ab einem Durchmesser von 20 cm sind auch geschlossene Tunnel für Meerschweinchen geeignet, in engeren Röhren könnten sie stecken bleiben. Halbröhren, die unten offen sind, eignen sich ab einem Durchmesser von 15 cm. Die Tunnel sollten nicht zu lang sein (höchstens 40 cm), denn sonst kann man das Meerschweinchen im Notfall nicht erreichen. Außerdem kann es darin zu Hitzestaus und auch zu Streitereien kommen. Offene Brücken dürfen gern etwas länger sein.

Es gibt viele verschiedene Tunnelarten, die angeboten werden können. Besonders beliebt und für die Außenhaltung ebenfalls geeignet sind variable Brücken aus Ästen. Diese beste-

Es müssen nicht immer Rampen sein, um auf Etagen zu kommen.

Korkhalbtunnel bieten sichere Wege durch das Gehege und sind ungiftig.

hen häufig aus Weidenästen, sind aber auch in
Birke und Haselnuss erhältlich. Die Äste sind
auf zwei oder drei biegsame Drähte aufgefädelt. Geeignet sind sie ab einer Größe von etwa
50 x 30 cm. Diese Platten werden einfach zu
Tunneln zurechtgebogen, sie können auch als
Rampen angebracht werden. Ebenfalls sehr
beliebt, dekorativ und dabei gut zu reinigen sind
Tunnel aus Korkrinde. Häufig bekommt man
sie beim Terraristikzubehör. Auch Baumrinden-
tunnel werden gern genutzt und angeknabbert.
Der Fachhandel bietet mittlerweile eine Viel-
zahl von Tunneln an. Leider sind die meisten
vom Durchmesser zu klein. Sie bestehen häufig aus Pappe und werden schnell aufgefressen
beziehungsweise mit Urin verschmutzt. Tunnel
aus Weide oder Heu auf Drahtgeflecht bergen
die Gefahr, dass die Tiere in hineingefressenen
Löchern stecken bleiben. Außerdem werden sie
schnell von den Ausscheidungen der Tiere verschmutzt und sind dadurch unbrauchbar.

Tunnel aus Plastik können angeboten werden, sehen aber meist nicht sehr schön aus
und viele Meerschweinchen nutzen sie auch
nicht so gern. Tunnel aus unglasierter Keramik sind schwer zu reinigen.

Kuscheliges

Meerschweinchen bauen sich keine Nester
und kuscheln auch nicht gern miteinander.
Trotzdem haben sie ganz offensichtlich eine
Vorliebe für kuschelige Schlafplätze. Die möchten wir unseren Tieren natürlich nicht vorent-
halten, auch wenn sie dem Halter einiges ab-
verlangen. Da alle Kuschelsachen aus Stoff
bestehen, meist aus Leinenstoff mit Fleece-
inlay, werden sie von den Meerschweinchen,
die sich darin erleichtern, sehr schnell verschmutzt. Die Kuschelsachen müssen also
häufig gewaschen werden und sollten immer
in mehreren Ausführungen vorhanden sein,
denn einmal daran gewöhnt, schlafen manche
Schweinchen nur noch in ihrer Kuschelrolle.

In so einer Kuschelrolle ist es warm, sicher und sehr gemütlich.

So lässt es sich gut leben: entspanntes Faulenzen in der Hängematte.

Hängematten

Viele Meerschweinchen verdösen gern den Tag in der Hängematte. Optimal sind doppelt vernähte Tücher ab einer Größe von 20 x 30 cm und größer. Leinentaschen ohne Henkel sind ebenfalls geeignet und bieten sogar eine Hängehöhle. Die einfachste Variante ist die, die Tücher mit Ösen oder Karabinerhaken zu versehen und diese in Haken oder Ösen zu hängen, die unter einer Etage eingeschraubt werden. Es können auch Schlaufen an die Hängematten genäht werden, diese reißen jedoch relativ schnell. Es gibt im Fachhandel auch Katzenhängematten, die von manchen Meerschweinchen gern genutzt werden.

Rollen

Die Rolle wird aus zweifach gelegtem Stoff genäht, mit den Maßen von 30 cm Länge und einem Durchmesser ab 15 cm. Sie wird am Ende mit Draht oder eingenähter Watte verstärkt oder umgekrempelt, sodass die Meerschweinchen mühelos durchrennen oder auch darin liegen können.

Kuschelsäcke

Im Transporter auf dem Weg zum Tierarzt, beim Aufwachen nach einer OP, zur Jungenaufzucht oder einfach nur zum Kuscheln sind Kuschel-säcke unentbehrlich. Die Außenseite besteht aus einem gut waschbaren Stoff, innen wird ein weicher und warmer Plüschstoff verwendet. Sie sollten ab 30 x 20 cm groß sein. Auch Katzenkuschelsäcke oder für den Sommer dünne Raschelsäcke werden gern angenommen.

Kuschelhäuschen

Kleine Plüschhäuser, wie sie für Katzen angeboten werden, sind auch bei Meerschweinchen sehr beliebt. Achten Sie beim Kauf darauf, dass alle Teile waschbar sind.

Näpfe und Trinkflaschen

Was natürlich in keinem Gehege fehlen darf, sind Wasser- und Futternäpfe. Dafür haben sich große und schwere Futternäpfe aus Keramik bewährt, da sie nicht umgeworfen werden können und leicht zu reinigen sind. Leichte Näpfe aus Kunststoff oder Metall kippen schnell um, wenn die Tiere ihre Pfoten daraufstellen. Näpfe ab einer Größe von 0,75 l sind groß genug für eine Gruppe von bis zu vier Tieren. Bei sehr großen Meerschweinchengruppen ist es sinnvoll, mehrere Näpfe aufzustellen. Für die

Gemüsefütterung von größeren Gruppen haben sich auch große Keramikuntersetzer für Blumentöpfe oder Auflaufformen bewährt. Sie sollten sehr groß gewählt werden, damit alle Tiere aus einer Gruppe gleichzeitig fressen können, ohne dass es zu Streitereien kommt.

Wassernapf

Das Trinken aus dem Napf ist natürlicher als das Trinken aus einer Wasserflasche. Trinken die Tiere aus der Flasche, müssen sie ihren Kopf unnatürlich abwinkeln. Zudem geben die meisten Flaschen das Wasser nur tropfenweise ab, was bei großem Flüssigkeitsbedarf zu Problemen führen kann. Flaschen sind schwer zu reinigen, vor allem in den Trinkröhrchen und am Boden bildet sich schnell ein Algen- und Bakterienteppich. Die Flaschen müssen täglich gründlich mit der Flaschenbürste gereinigt werden, die Trinkröhrchen werden mit einem Wattestäbchen gesäubert und wöchentlich ausgekocht.

Näpfe hingegen sind hygienischer. Auch wenn hin und wieder Streu oder Heu hineinfällt, ist dieses gut zu entfernen. Damit die Wassernäpfe sauber bleiben, können sie leicht erhöht auf einer Steinplatte aufgestellt werden.

Heuraufen

Heu wird zwar grundsätzlich auch immer auf dem Boden angeboten, damit die Meerschweinchen es bequem und in einer natürlichen Haltung fressen können, allerdings wird es dort schnell verschmutzt. Deshalb ist es nötig, zusätzlich Heu in Heuraufen anzubieten. Eine Raufe darf die Tiere nicht gefährden und muss einen leichten Zugang zu sauberem Heu gewährleisten.

Senkrechte, dünne Streben bis 5 mm Dicke mit einem Gitterabstand von etwa 3 cm sind optimal. Da die Nasen und Mäuler der Meerschweinchen eher hoch und nicht so breit sind, können sie diese besser durch senkrechte Streben stecken, um an das Heu zu kommen. Ab einem Gitterabstand von 2,5 cm bis zu einem Abstand von 3,5 cm kann ein erwachsenes Meerschweinchen relativ gut aus der Raufe fressen. Der Abstand darf nicht größer sein, denn sonst könnten die Meerschweinchen darin stecken bleiben. Sehr kleine Meerschweinchen oder Babys könnten durch Öffnungen ab 4 cm durchschlüpfen. Ein kleinerer Gitterabstand verhindert, dass die Tiere mit ihrer Schnauze weit genug in die Raufe kommen,

Gut erreichbar: Mit frischem Wasser gefüllte Näpfe dürfen in keinem Gehege fehlen.

um das Heu herauszuziehen. Raufen mit engerem Gitterabstand sind also ungeeignet.

Raufen, die am Boden stehen, erleichtern den Zugang zum Heu. Hoch aufgehängte Raufen oder breit ausladende Raufen zwingen die Tiere dazu, mit überstrecktem Kopf zu fressen. Dies ist eine ungünstige Haltung für die Nahrungsaufnahme. Beim Herausziehen des Heus fallen Staub und kleine Heupartikel auf das Tier, werden eingeatmet und reizen die Atemwege. Kleine Partikel landen in den Augen und können schlimmstenfalls sogar zu Verletzungen führen.

Abdeckung erforderlich

Die Raufen sollten oben abgedeckt bzw. verschlossen werden. Offene Raufen verleiten die Meerschweinchen dazu, hineinzuspringen und es sich darin gemütlich zu machen. Dabei könnten sie mit ihren Füßen in den Streben hängen bleiben und sich verletzen. Außerdem verunreinigen sie das Heu mit ihren Ausscheidungen, und die Raufe erfüllt ihre Aufgabe, für sauberes Heu im Gehege zu sorgen, anschließend nicht mehr.

Die Streben müssen starr sein. Raufen aus Netzen oder elastischem Gitter sind ungeeignet, da die Tiere diese so verbiegen können,

dass sie in die Raufe gelangen. Dabei verschmutzt nicht nur das Heu durch ihre Ausscheidungen, sondern im schlimmsten Fall kann das Meerschweinchen nicht mehr aus der Raufe heraus, wickelt sich die Schnüre des Netzes um Gliedmaßen oder Kopf und verletzt oder stranguliert sich dabei.

Altersgerecht

Während junge Meerschweinchen überall hinaufhüpfen und neugierig ihre Welt erkunden, legen alte Tiere ab fünf Jahre mehr Wert auf Kontinuität und Barrierefreiheit. Die Gehegeeinrichtung sollte nicht zu oft verändert werden. Bei blinden Tieren sollte man darauf achten, dass nach der Gehegereinigung alles wieder an seinem Platz ist, damit die Tiere sich leicht orientieren können. Alle wichtigen Bereiche wie Futterplatz, Schlafplatz und Verstecke müssen ebenerdig und leicht zu erreichen sein. Haben die Meerschweinchen Gelenkprobleme, ist darauf zu achten, dass alle Öffnungen im Gehege so groß sind, dass sie nicht mit ihren Füßen an den Seiten hängen bleiben. Ältere Tiere dürfen gern auch direkt am Schlafplatz gefüttert werden, um sie zu verwöhnen.

Die Heuraufe mit den waagerechten Streben wird von den Tieren weniger gern genutzt.

Heuraufen mit senkrechten Streben sind bei Meerschweinchen wesentlich beliebter.

Wohnungsauslauf

Jedes Meerschweinchen möchte gern einfach mal losrennen und etwas Neues entdecken. Deshalb sollten Meerschweinchen, die in der Wohnung gehalten werden, regelmäßig Auslauf bekommen.

Auslaufbegrenzung und Einrichtung

Zu ihrer eigenen Sicherheit und um die Wohnungseinrichtung zu schützen, ist es in der Regel nötig, den Meerschweinchen auf einem begrenzten Areal Auslauf anzubieten. Um den Auslauf zu begrenzen, gibt es verschiedene Möglichkeiten. Die Einfachste ist ein Klebegehege, das auch leicht zusammengeklappt und weggeräumt werden kann (siehe Seite 72). Des Weiteren kann man Gitterausläufe für Hamster und für Meerschweinchen kaufen, die geeignet sind. Im Notfall kann man auch Absperrungen aus Pappe aufstellen, diese werden allerdings mit der Zeit angenagt und feucht. Da Meerschweinchen nicht sehr ausbruchsfreudig sind, reicht eine Höhe von 25 cm aus.

Damit der Boden sauber bleibt, hat es sich bewährt, eine stabile Folie auszulegen. Darüber werden große Tücher gelegt, damit die Meerschweinchen nicht die Folie annagen. Außerdem läuft es sich auch besser auf Stoff als auf Folie. Gut eignen sich Leinenbettbezüge und Bettlaken sowie waschbare Teppiche.

Sicher in den Auslauf

Damit die Meerschweinchen den Auslauf gern nutzen, müssen sie sich von Anfang an darin sicher fühlen. Es ist wichtig, dass die Tiere allein vom Gehege in den Auslauf gehen können, daher muss der Übergang Sicherheit bieten. Die meisten Meerschweinchen springen nur ungern aus ihrem Käfig, wenn sie nicht wissen, was dahinter kommt, während es ihnen leicht fällt, eine Brücke zu überwinden, um in den Auslauf zu gelangen. Sind also Rampen und Brücken nötig, sollten diese mit einem schützenden Dach versehen werden. Unbedruckte Kartons, in die mehrere große Türen geschnitten werden, eignen sich als Überdachung und um sichere Wege im Auslauf anzubieten. So können auch ängstliche Meerschweinchen erst einmal vorsichtig von einem Unterschlupf zum nächsten laufen und so ihre Umgebung entdecken. Im Auslauf verteiltes Heu und Frischfutter wecken die Neugier.

Stubenreine Meerschweinchen?

Meerschweinchen setzen ihre Ausscheidungen nicht bewusst ab, um damit ihr Revier zu markieren. Dies erfolgt relativ unkontrolliert. Bei Angst verlieren sie Köttel, wenn Weibchen bedrängt werden, urinieren sie reflexartig. Die Tiere nehmen ihren Blinddarmkot automatisch auf, aber sie benutzen üblicherweise keine Toiletten und lösen sich vor allem dann, wenn sie sich entspannen. Deshalb sind beliebte Schlafplätze auch meistens stark verschmutzt.

Daher ist es kaum möglich, Meerschweinchen zur Stubenreinheit zu erziehen. Sie werden auch im Auslauf überall dort Kot und Urin absetzen, wo sie sich entspannen, oder dort, wo sie sich erschrecken. Man kann sie natürlich an bestimmte Stellen locken, damit sie sich dort eher entspannen. Werden Toilettenkistchen angeboten, werden diese bevorzugt benutzt, wenn sie in ruhigen und dunklen Ecken stehen und gemütlich mit Heu und Streu ausgestattet sind. Unter Heizungen und an dunklen Orten halten sich Meerschweinchen gern auf. Dort sollten Sie alte Handtücher oder Zeitungen auslegen (nur, wenn diese nicht gefressen werden), um für Sauberkeit zu sorgen. An Orten, die langweilig und hell sind, werden die Tiere sich weniger erleichtern.

Unter Zwang?

Es gibt die Möglichkeit, Meerschweinchen mit Gewalt zur Stubenreinheit zu erziehen. Immer wenn ein Tier Ausscheidungen absetzt, wird es hochgenommen und in den Käfig oder die Toilette gesetzt oder es wird in die Hände geklatscht, gerufen und gejagt. Ganz hemmungslose Menschen bespritzen ihre Tiere sogar mit Wasserpistolen. Die Meerschweinchen lernen so, dass der Auslauf etwas sehr Unentspanntes ist und ziehen sich fast nur noch dorthin zurück, wo sie in Ruhe gelassen werden. Dort verrichten sie dann auch ihre Notdurft. Aber diese gewaltsame Erziehung sorgt nur dafür, dass die Tiere Angst vor ihrem Menschen und vor ihrem Auslauf haben. Wer seine Tiere liebt, dem macht es nichts aus, hin und wieder ihre Hinterlassenschaften zu entsorgen.

Gefahren beim Auslauf

Wenn die Meerschweinchen sich frei in der Wohnung bewegen dürfen, ist es wichtig, dass alle Familienmitglieder Bescheid wissen, und entsprechend vorsichtig sind. Türen, die zur

Wo das Meerschweinchen sich wohlfühlt und beim Fressen entspannt, da ...

Auslauffläche schwingen, müssen langsam geöffnet werden. Generell sollten alle Türen verschlossen bleiben, damit kein Meerschweinchen in die Freiheit spaziert.

Meerschweinchen nagen gern an Stromkabeln, was tödlich enden kann. Deshalb sollten diese in Kabelkanäle eingezogen oder hochgelegt werden. Pflanzen und alles, was giftig sein könnte, wie Zigaretten, Menschennahrung, Plastiktüten oder Ähnliches, darf nicht auf dem Boden liegen.

Ängstliche Meerschweinchen quetschen sich auch hinter Schränke und in andere enge Ritzen, diese müssen verschlossen werden.

Beschäftigung im Auslauf

Der tollste Auslauf, egal ob in der Wohnung oder draußen, wird schnell langweilig, wenn es dort nichts zu tun gibt. Es gibt viele Möglichkeiten, den Auslauf interessant zu gestalten.

Futterspiele jeder Art sind sehr beliebt. Sie können Gemüsestückchen auf Äste spießen und diese senkrecht in einen Ziegelstein stecken, sodass die Meerschweinchen sich ordentlich recken müssen, um daranzukommen. Gemüse kann auch an einer Paketschnur aufgefädelt und über das Gehege gehängt werden (nicht zu hoch, die Tiere sollten sich nicht überstrecken). Futterspieße aus dem Handel können, mit Gemüse bestückt, an Kartons oder am Gehegerand befestigt werden. Sie sollten nicht frei schwingen, sonst besteht die Gefahr, dass ungeschickte Meerschweinchen sich daran stoßen. Rouladen- oder Schaschlikspieße können, mit Gemüse bestückt, in Korkplatten oder Korkhalbröhren gesteckt werden.

Tolle Rolle Trockenkräuter und Erbsenflocken werden in Toilettenpapierrollen gesteckt, die mit Heu verschlossen werden. Es dauert häufig recht lange, bis die Meerschweinchen an die begehrten Leckerbissen herankommen. Auch Futterbälle aus dem Handel sind geeignet und können mit Trockengemüse bestückt werden. Feste, runde Tomaten sind eine Herausforderung, weil die Meerschweinchen sie meist nicht gleich richtig zu fassen bekommen und sie erst eine Weile vor sich her durch das Gehege kullern, bis sie angebissen sind und gefressen werden können.

Tunnel und Kartons Auch Einrichtungsgegenstände können im Auslauf eine Herausforderung sein. Spiel- und Rascheltunnel für Katzen werden gern erkundet. Mit Heu gefüllte Pappkartons, in die ein großer Eingang geschnitten wurde, werden gern nach den darin versteckten Leckerchen durchwühlt. Aus mehreren Pappkartons kann auch ein kleines Labyrinth zusammengestellt werden, in dem Futter versteckt wird.

Intelligenzspielzeug Sie können verschiedenfarbige Futternäpfe mit Pappdeckeln versehen.

Die Qual der Wahl: Lieber Gurke oder Möhre?

Diese Buddelkiste reicht nur für ein Schwein.

Es kann dauern, aber mit viel Futter lernt jedes Schweinchen, die Klappen zu öffnen.

Legen Sie immer nur in den Napf mit einer bestimmten Farbe ein Leckerchen. Mit der Zeit lernen die Meerschweinchen, gezielt diesen Napf zu öffnen. Am Anfang sollten Sie den Deckel allerdings nicht ganz auflegen, damit die Meerschweinchen lernen, dass es sich lohnt, darunterzuschauen.

Es gibt auch fertige Spielzeuge zu kaufen, beispielsweise Bretter mit Löchern, in denen Futter versteckt werden kann. Darüber sind schwenkbare Deckelchen angebracht, die vom Meerschweinchen beiseitegeschoben werden müssen, um an das Futter zu kommen.

Interaktion mit Mensch

Um die Meerschweinchen geistig zu fordern und ihnen die Scheu zu nehmen, sollte der Halter sich beim Auslauf mit ihnen beschäftigen. Allerdings müssen alle Spiele immer freiwillig stattfinden. Die Tiere müssen die Möglichkeit haben, die Interaktion zu beenden und wegzugehen.

Es ist hilfreich, zu wissen, welche Futtermittel die Meerschweinchen besonders mögen. Ach-ten Sie also bei der Fütterung genau darauf, welches Tier was zuerst nimmt. Beliebt sind Gurkenstückchen, Obst und ab und zu ein paar Erbsenflocken oder Sonnenblumenkerne.

Aus der Hand

Zuerst lernen die Meerschweinchen, dass der Mensch etwas Leckeres in der Hand hält. Setzen Sie sich ruhig in oder an das Gehege und füttern Sie die Meerschweinchen aus der Hand. Wenn Sie dies immer zur gleichen Zeit machen, unterscheiden die Meerschweinchen sehr schnell, ob der Mensch zum Füttern kommt oder ob er so unbeliebte Sachen wie Krallenschneiden machen möchte. Schon bald werden die agileren Meerschweinchen Männchen machen, um ihr Leckerchen einzufordern.

Zeig, was du kannst

Im nächsten Schritt lernen die Meerschweinchen, dass es das Leckerchen nur gibt, wenn sie etwas dafür tun. Am Anfang reicht das Männchenmachen. Dies kann mit einem Clicker, einem kurzen Wort oder Geräusch positiv verstärkt werden. Im Folgenden werden die Meerschweinchen ein bisschen gefordert.

Sie können mit dem Leckerchen über kleine Hindernisse wie aufgeklappte und hochgestellte Bücher oder Ähnliches gelockt werden. Anfangs gibt es das Leckerchen schon, wenn das Tier auf das Hindernis steigt, später erst, wenn es darüber geklettert ist. Die Meerschweinchen können mit der Zeit auch lernen, durch Tunnel und über kleine Brücken zu gehen oder sogar durch Reifen zu springen. Allerdings sind nicht alle Meerschweinchen gleich gelehrig, die einen vergessen schon einen Tag später, dass die Hand ungefährlich ist, die Leckerchen bereit hält, während andere Tiere neue Herausforderungen kaum erwarten können.

So nicht!

Der Auslauf und die Beschäftigung mit dem Tier müssen immer auf freiwilliger Basis stattfinden. Meerschweinchen verlieren nicht gern den Boden unter den Füßen, sie wollen nicht für irgendwelche Spiele hochgenommen und herumgetragen werden. Sie müssen selbst entscheiden können, ob sie am Spiel teilnehmen oder nicht.

Ganz tabu sind Meerschweinchenleinen oder gar Laufkugeln. Meerschweinchen sind Fluchttiere, das Laufen an der Leine kann lebensgefährlich werden, wenn das Tier sich

Auslaufzeiten

Besonders am Morgen und am Abend sind die kleinen Racker aktiv. Bekommen sie täglich zur selben Zeit Auslauf, wird dieser bald lautstark eingefordert. Lassen Sie die Meerschweinchen lieber vor als nach den Hauptmahlzeiten laufen, denn satte Tiere bewegen sich nicht gern. Damit sie freiwillig zurück in ihr Gehege gehen, wird die nächste große Mahlzeit dort angerichtet. Kaum ein Meerschweinchen kann frischem Gemüse oder Grünfutter widerstehen und so muss man die Tiere nicht jagen, um den Auslauf zu beenden.

erschreckt und losrennen will. Die Leinen drücken zu stark auf Brustkorb und Luftröhre und nehmen dem Tier die Luft. Alle im Handel erhältlichen Laufkugeln sind zu klein, der Rücken biegt darin durch und das verursacht Rückenschmerzen. Die Tiere laufen in ihren eigenen Ausscheidungen. Die Kugeln sind nicht ausreichend belüftet, und vor allem leiden die Meerschweinchen, weil sie nicht flüchten können und in der Kugel wie auf dem Präsentierteller sind. Sie laufen also nicht, weil es ihnen Spaß macht, sondern weil sie versuchen, wegzukommen, und Angst haben.

Die Belohnung für all die Mühe, zahme Meerschweinchen fressen aus der Hand.

Und ganz zahme Tiere erkunden danach auch ihren Halter ausführlich.

Fressgewohnheiten und Nährstoffbedarf

Die wilden Verwandten der Meerschweinchen ernähren sich in erster Linie von Gräsern und Wildkräutern, sie verschmähen aber auch Blätter verschiedener Büsche, Beeren, Wurzeln und Rinden nicht, wenn sie an diese herankommen.

Pflanzenfresser

Meerschweinchen sind Herbivore, das bedeutet, dass sie sich nur von pflanzlicher Kost ernähren. Bei der Ernährung der Meerschweinchen orientieren wir uns natürlich daran, was ihre wilden Verwandten fressen. Allerdings können wir hochwertigere Futtermittel anbieten und diese jederzeit optimal zusammenstellen. Dadurch kann man den Nährstoffbedarf der Meerschweinchen mit weniger Futter abdecken.

Da Meerschweinchen allerdings auf eine sehr karge Nahrung ausgelegt sind, kann eine zu gehaltvolle Kost ihre Gesundheit schädigen. Deshalb ist es wichtig, auf eine ausgewogene Ernährung zu achten und nicht dem Drang, die Tiere zu verwöhnen, nachzugeben.

Knabbern rund um die Uhr

Etwa 80 kleine Mahlzeiten nehmen Meerschweinchen über den Tag verteilt auf. Sie dürfen niemals hungern und müssen immer Zugang zu unterschiedlichen Futtermitteln haben. Damit ihr Stopfdarm gleichmäßig belastet und zur stetigen Weiterleitung der Nahrung angeregt wird, ist es wichtig, dass sie nicht nur rund um die Uhr Heu aufnehmen können, es sollten auch andere Futtermittel wie Grünfutter und Gemüse im Gehege zu finden sein.

Strukturierte Futtermittel mit groben Pflanzenfasern, die mit den Backenzähnen intensiv zerkleinert werden müssen, sind lebenswichtig, denn die Zähne der Meerschweinchen wachsen nach und müssen durch die Futteraufnahme abgeschliffen werden.

Meerschweinchen sind nicht in der Lage, Vitamin C im Darm zu synthetisieren, und müssen es deshalb über die Nahrung aufnehmen.

Neue Studien weisen darauf hin, dass natürliches Vitamin C aus Pflanzen besser aufgenommen wird, als künstliches Vitamin C. Vermutlich liegt es an den ebenfalls zugeführten unterschiedlichen Pflanzenwirkstoffen.

Nährstoffbedarf

Die nachfolgend genannten Werte sind nur grobe Richtwerte für den täglichen Nährstoffbedarf eines erwachsenen Meerschweinchens. Der Nährstoffbedarf schwankt stark, je nachdem ob das Meerschweinchen zur Zucht eingesetzt wird, im Wachstum oder alt ist oder ob es in Außen- oder Innenhaltung lebt. Durchschnittswerte pro Tier und Tag

- 500 Kilojoule
- 2–4 g Fett
- 12–18 g Protein
- 15–20 g Rohfaser
- 3 g Kalzium
- 2 g Phosphor
- 10–20 mg Vitamin C

Kohlenhydrate

Zucker und Stärken bilden die größte Stoffklasse. Sie dienen als Energiequelle. Stärke wird im Darm verstoffwechselt und als Energielieferant genutzt. Die übliche Nahrung von Meerschweinchen ist nicht sehr energiereich, deshalb ist die Verdauung der Meerschweinchen darauf ausgelegt, möglichst viel Energie davon zu nutzen. Ihre Verdauung arbeitet entsprechend effizient. Bekommen sie allerdings zu viele Kohlenhydrate zugeführt, können sie diese nicht mehr verwerten. Ein Teil der als Zucker zugeführten Kohlenhydrate wird als Fett eingelagert. Wird zu viel Stärke aufgenommen, gelangt diese unverdaut in den Blinddarm und nährt dort Bakterien und Pilze; dies kann zu massiven Verdauungsstörungen führen.

Der Energiebedarf eines Meerschweinchens richtet sich danach, wie alt es ist, ob es in Innen- oder Außenhaltung lebt, ob es Zuchtleistung erbringen muss und wie viel Bewegung es hat. Die angegebenen 500 Kilojoule sind für ein ausgewachsenes Meerschweinchen, das nicht in der Zucht eingesetzt wird, in ruhigen Verhältnissen wohnt und ein durchschnittliches Gewicht von etwa einem Kilogramm hat, passend.

Zuchtweibchen benötigen wesentlich mehr, Jungtiere haben ebenfalls einen höheren Energiebedarf. Hingegen haben kastrierte Meerschweinchen und alte Tiere meist einen etwas niedrigeren Verbrauch. Wird zu viel Energie zugeführt, werden die Tiere mit der Zeit träge und fett, bei einem Mangel magern sie ab und werden inaktiv.

Fett

Fett wird vom Körper nicht nur als Energielieferant benötigt. Es dient auch als Lösungsmittel für Vitamine, als Bestandteil der Zellwände und Fettzellen, die unter anderem der Kälteisolation dienen. Meerschweinchen nehmen die benötigten Fette über Pflanzen und vor allem Samen auf. Wird zu viel Fett zugefüttert, etwa durch fetthaltige Leckerchen wie Nüsse und Kerne, lagern die Meerschweinchen dieses in Form von Fettdepots, vor allem am Bauch, ein.

Struppiges Fell, Fellverlust, sehr trockene, schuppige Haut, Lippengrind und häufige Verstopfung könnten auf einen Fettsäuremangel hinweisen.

Frisches Wiesengrün schmeckt nicht nur gut, es hält auch gesund.

Hin und wieder darf es sogar ein Berg Obst sein, wenn die Ernährung sonst stimmt.

Überall Heu und mittendrin ein Meerschweinchen, das sich da durchfuttert.

Löwenzahn verschwindet ganz besonders schnell in hungrigen Meerschweinchen.

Protein (Eiweiß)

Die verschiedenen Eiweiße bestehen aus unterschiedlichen Aminosäuren, die zu langen Molekülketten aufgebaut sind. Proteine erfüllen verschiedene Funktionen im Körper. Kollagene strukturieren Zellen des Bindegewebes, der Haut und Knochen. Die Muskeln erhalten durch Proteine ihre Kontraktionsfähigkeit. Kreatine verleihen dem Fell und den Krallen ihre Festigkeit. Proteine sind auch Bestandteil der Schleimhäute. Antikörper, Fresszellen und die Blutgerinnung würden ohne Proteine nicht funktionieren. Enzyme und Hormone spielen auch bei Steuerungsprozessen im Körper eine wichtige Rolle.

Proteinmangel

Ein Proteinmangel führt zu Wachstumsstörungen, Muskelschwäche, Inaktivität, Fettleber, einem schwachen Immunsystem und Durchfall durch die geringere Verfügbarkeit von Verdauungsenzymen. Sogar Herzschädigungen sind möglich.

Essenzielle, also lebenswichtige, vom Körper nicht selbst zu bildende Aminosäuren sind für Meerschweinchen (nach Rosengarten 2004) Histidin, Arginin, Glycin, Isoleucin, Leucin, Lysin, Threonin, Tryptophan, Valin, Phenylalanin und Methionin.

Rohfaser

Die Verdaulichkeit von Rohfaser liegt bei Meerschweinchen bei etwa 30–50 %. Sie können also auch Teile der Nahrung in Energie umwandeln, die für Menschen unverdaulich sind. Der für Meerschweinchen unverdauliche Teil der Rohfaser dient dem gleichmäßigen Transport der Nahrung durch den Darm. Dazu müssen diese Fasern allerdings in einer groben Form vorliegen. Je kleiner die Partikelgröße der Fasern ist, umso weniger nützen sie dem Zahnabrieb und umso länger verweilen sie im Darm. Dort können sehr fein vermahlene Rohfasern sogar zu Verdauungsproblemen führen. Ein Mangel an geeigneter Rohfaser ist vor allem an einer fehlerhaften Verdauung zu erkennen.

Mineralien

Kalzium, Phosphor, Kalium und Magnesium stehen in direktem Zusammenhang miteinander, ändert sich die Verfügbarkeit eines dieser Mineralien, ändert sich auch der Bedarf an den anderen Mineralien. Der Kalzium-/Phosphorgehalt der Nahrung sollte bei etwa 1,5 : 2 liegen.

Kalzium Kalzium ist von allen Mineralien im Körper in der größten Menge vorhanden. Es ist Hauptbestandteil der Knochen und Zähne

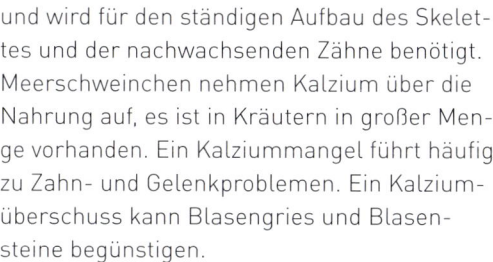

Damit es nie langweilig wird: Futterspieße für das Felltier! Mit Anlauf wird hineingebissen.

Da dauert es wesentlich länger, bis das ganze Gemüse aufgefuttert ist.

und wird für den ständigen Aufbau des Skelettes und der nachwachsenden Zähne benötigt. Meerschweinchen nehmen Kalzium über die Nahrung auf, es ist in Kräutern in großer Menge vorhanden. Ein Kalziummangel führt häufig zu Zahn- und Gelenkproblemen. Ein Kalziumüberschuss kann Blasengries und Blasensteine begünstigen.

Phosphor Phosphor spielt eine Rolle beim Energiestoffwechsel und ist für das Knochenwachstum wichtig. Ein Phosphorüberschuss führt zum Herauslösen von Mineralien aus dem Knochengewebe.

Magnesium, Zink, Natrium, Kalium, Chlorid, Mangan und weitere Mineralien sind ebenfalls essentiell für das Funktionieren des Meerschweinchenorganismus. Ein Mangel oder Überschuss an Mineralien ist nicht (leicht) zu erkennen.

Vitamine

Vitamin A Vitamin A ist wichtig für das Wachstum, für Funktion und Aufbau der Haut sowie der Blutkörperchen. Es spielt beim Stoffwechsel eine Rolle und ist für die Augen wichtig. Ein Mangel kann die Schneidezähne brüchig machen, ein Überschuss führt zu Gewichtsverlust und zu Fehlbildungen der Föten in der Trächtigkeit.

Vitamin B Meerschweinchen nehmen die Vitamine des B-Komplexes mit ihrem Blinddarmkot auf. Es kann also nur bei Tieren mit massiven Verdauungsstörungen oder bei extrem übergewichtigen Meerschweinchen, die ihren Kot nicht mehr am After aufnehmen können, zu einem Mangel kommen. Die Vitamine des B-Komplexes spielen eine wichtige Rolle beim Energiestoffwechsel, ein Mangel führt zu Inaktivität.

Vitamin C Meerschweinchen können Vitamin C nicht selbst synthetisieren und sind auf eine ständige Zufuhr dieses Vitamins angewiesen. Ein Vitamin-C-Mangel führt zu folgenden Symptomen: Gewichtsverlust, Muskelschäden, Fellschäden, einem geschwächten Immunsystem, schlecht heilenden Wunden bis hin zu Anämie und Blutungen.

Vitamin D Eine Unterversorgung mit Vitamin D kann zu Knochenerweichung und Phosphorunterversorgung führen. Eine Überversorgung führt zur Verkalkung von Herz, Niere, Leber und Gefäßen.

Vitamin E Vitamin E ist Bestandteil der Zellmembran aller Säugetiere. Es ist auch für die Fortpflanzung wichtig. Es ist vor allem in pflanzlichen Fetten enthalten. Eine ausreichende Zufuhr von Vitamin E ist durch die Gabe von einigen Sonnenblumenkernen möglich.

Geeignete Futtermittel

Was führt zu einer ausgewogenen Meerschweinchenernährung? Hier finden Sie alles
über frisches Grün, Heu, Gemüse, Kräuter,
Obst und Zweige.

Wiese

Grundsätzlich könnten Meerschweinchen sich
ausschließlich nur mit frischem Wiesengrün
ernähren. Etwa 300 g benötigt ein erwachsenes Meerschweinchen am Tag, um seinen
Energie- und Nährstoffbedarf durch Wiese zu
decken. Um diese Mengen aufzunehmen,
müsste es rund um die Uhr Zugang zu einer
Mischwiese mit verschiedenen Süßgräsern
und Kräutern haben. Dies ist allerdings meistens nicht machbar.

Sind die Meerschweinchen nicht an große
Mengen Grünfutter gewöhnt, müssen sie
langsam herangeführt werden, sonst kommt
es zu Verdauungsproblemen. Fangen Sie also
im Frühling mit einer Handvoll Grün am ersten Tag an und steigern Sie die Menge, wenn
es gut vertragen wird, innerhalb von zwei Wochen auf eine unbegrenzte Menge.

Gräser

Folgende Süßgräser sind bei uns auf vielen
Wiesen zu finden und werden von Meerschweinchen gern gefressen: Kammgras, Knäuelgras,
Rohrschwingel, Rotschwingel, Weidelgras, Wie-
senlieschgras, Wiesenrispe, Wiesenschwingel.
Gras hat eine optimale Nährstoffzusammen-
setzung von durchschnittlich 20 % Rohfaser,
15 % Rohprotein, 2–3 % Fett. Es sollte den größten Teil der Grünfütterung von der Wiese für
Meerschweinchen ausmachen.

Kräuter

Ergänzt wird das Gras durch frische Kräuter.
Diese enthalten viele Vitamine, Mineralien und
Proteine. Eine Mischung verschiedener frischer
Wiesenkräuter darf und sollte ebenfalls täglich
angeboten werden. Es darf nie zu einseitig gefüttert werden, einige Kräuter können bei einseitiger Fütterung aufgrund ihres Gehaltes an
Oxalsäure oder anderer Stoffe negative Aus-
wirkungen haben. Trotzdem sollte nie ganz auf
ein Futtermittel verzichtet werden. So würde
nur die Futtervielfalt verringert und die Ernährung einseitiger. Wenn Sie täglich eine gute
Mischung aller Kräuter verfüttern und der

größte Anteil der Wiesenfütterung aus Gräsern besteht, dann besteht keine Gefahr, dass einzelne Futtermittel zu Problemen führen. Verfüttern Sie Wiesengrün immer frisch gepflückt. Bei der Lagerung gehen nicht nur Nährstoffe verloren, das Grün welkt auch schnell und welkes Grün begünstigt Aufgasungen und Darmprobleme. Auf der nächsten Seite finden Sie Wiesen- und Gartenpflanzen, die als Futtermittel beliebt und im Rahmen einer abwechslungsreichen Ernährung gut verträglich sind.

Unverträglich oder giftig

Nicht alles, was im Garten wächst, kann auch bedenkenlos verfüttert werden. Folgende Pflanzen sind teilweise leicht unverträglich, teilweise aber auch giftig, auf ein Verfüttern sollte verzichtet werden:

Agave, Aloe Vera, Alpenveilchen, Amaryllis, Anthurie, Aronstab, Azalee, Berglorbeer, Bilsenkraut, Bingelkraut, Bittersüßer Nachtschatten, Blauregen, Bocksdorn, Buchsbaum, Buschwindröschen, Christrose, Christusdorn, Efeu, Eiben, Einblatt, Eisenhut, Essigbaum, Farne, Fensterblatt, Fingerhut, Gartenwicken, Ginster, Glücksbambus (Dracaena), Goldregen, Gundermann, Hahnenfuß, Hartriegel, Heckenkirsche, Herbstzeitlose, Holunder, Hundspetersilie, Hyazinthe, Ilex, Jakobskreuzkraut, Kalla, Kartoffelkraut, Kirschlorbeer, Lebensbaum, Liguster, Lilien, Lonicera, Lupine, Mai-

glöckchen, Mistel, Narzissen, Oleander, Osterglocke, Primel, Rebendolde, Riesenbärenklau, Robinie, Sadebaum, Schierling, Schneebeere, Schneeglöckchen, Schöllkraut, Sommerflieder, Stechapfel, Tollkirsche, Wacholder, Wolfsmilchgewächse (alle), Wunderstrauch, Zypressenwolfsmilch.

Kräuter sind gesund

Die meisten Kräuter enthalten Schleim- und Gerbstoffe, Flavonoide, ätherische Öle oder andere Stoffe, die eine Heilwirkung erzeugen können oder sogar giftig sind. Bei einer abwechslungsreichen Fütterung wird allerdings über frisches Grün nicht genug dieser Stoffe zugefügt, dass es schädlich sein könnte. Im Gegenteil haben sie in geringen Mengen häufig eine gesundheitsfördernde Wirkung, diese wird durch eine Gewöhnung an die Stoffe auch nicht gemindert. Auch der hohe Anteil an Mineralien, vor allem Kalzium, wird häufig als Grund angegeben, keine Kräuter zu verfüttern. Allerdings ist der Kalzium-/Phosphorgehalt bei Kräutern sehr ausgeglichen und durch die zusätzlich aufgenommene Flüssigkeit in den frischen Kräutern wird das Kalzium leicht wieder ausgeschieden. Kräuter sind also ein sehr gesundes und hochwertiges Futter für Meerschweinchen.

Spitzwegerichblüten und das schmackhafte Grün der Pflanze sind ein beliebtes Grünfutter.

Malvenblüten sind in vielen Gärten zu finden und können auch für den Winter getrocknet werden.

Fressbare Kräuter	
Name	**Besonderheiten**
Bambus	Nur echter Bambus (Gartenbambus) darf verfüttert werden. Sogenannter Glücksbambus ist eine giftige Yuccaart und kein Futtermittel!
Beifuß, gewöhnlicher	Wegen des hohen Thujongehalts selten geben.
Beinwell	Hoher Proteingehalt, wird lieber getrocknet gefressen.
Bohnenkraut	Gemeint ist nicht das Kraut der Bohnenpflanze, sondern eine spezielle, krautige Pflanze!
Borretsch	Wird auch Gurkenkraut genannt. Wirkt bei massivem Verzehr leberschädigend, dient jedoch als gutes Beifutter.
Breitwegerich	Wirkt entzündungshemmend, lindert Verdauungsbeschwerden.
Brennnessel	Getrocknet verfüttern, wirkt harntreibend und blutdrucksenkend.
Brombeerblätter	Stark gerbsäurehaltig, nur Pflanzen ohne Stacheln verfüttern.
Echinacea, Sonnenhut	Stärkt angeblich die Abwehrkräfte.
Gänseblümchen frisch	Wirken leicht abführend, unterstützen den Heilungsprozess bei Lungenkrankheiten.
Gartenmelde	Wirkt harntreibend und abführend.
Gemüse-Gänsedistel	Weitere Namen sind Kohl-Gänsedistel oder Gewöhnliche Gänsedistel.
Giersch	„Gewöhnlicher Giersch" schmeckt ein wenig nach Petersilie und hat einen dreieckigen Stiel. Vorsicht giftiger Doppelgänger: Taumel-Kälberkropf, Unterscheidungsmerkmal: Stängel rot gefleckt und borstig.
Golliwoog	Eine Zierpflanze, die sich aber auch als Meerschweinchenfutter eignet.
Grünes Getreide	Die grünen Halme ohne Ähren verschiedener Getreidesorten wie Hafer, Weizen, Gerste, Roggen, Hirse eignen sich als Grünfutter.
Hibiskus	Blätter und Blüten dürfen frisch und getrocknet angeboten werden.
Hirtentäschel	Wirkt wehenfördernd und blutstillend.
Huflattich	Wirkt entzündungshemmend, kann in großen Mengen zu Leberschäden führen.
Kamille	Wirkt positiv bei Verdauungsbeschwerden und Atemwegserkrankungen, auch als Tee.
Kerbel	Als Futterpflanze geeignet sind der Wiesen-Kerbel und der Gartenkerbel.

Fressbare Kräuter	
Name	Besonderheiten
Klee	Gelbklee, Weißklee und Rotklee werden in geringen Mengen gut vertragen. Sie enthalten allerdings zur Blütezeit eine geringe Menge cyanogene Glycoside (daraus wird Blausäure abgespalten). Gerade junger Klee wirkt in großen Mengen aufgasend und bei übermäßigem Verzehr kann es zu Durchfall kommen.
Kornblumen	Die ganze Pflanze, inklusive Blüte, darf verfüttert werden.
Löwenzahn mit Wurzel und Kraut	Wirkt harntreibend und appetitanregend, kann den Urin rötlich verfärben. Nie angewelkt verfüttern.
Luzerne, Alfala	Durch den hohen Eiweißanteil bindet Luzerne Kalzium im Körper. Frische Luzerne ist eine hochwertige Futterpflanze, getrocknet sollte sie nur in kleinen Mengen angeboten werden.
Ringelblumenblüten	Haben eine beruhigende Wirkung, auch die Blätter werden gern gefressen.
Rosenblätter	Die stachellosen Blätter und Blüten von Rosen aus dem eigenen Garten können angeboten werden - auf keinen Fall im Laden gekaufte Rosen, egal ob Bio oder konventionell!
(Wiesen)Sauerampfer	Ist stark oxalsäurehaltig.
Schafgarbe	Hilft bei Appetitlosigkeit, Blasen- und Nierenleiden. Vorsicht giftiger Doppelgänger: Die grünen Blätter von Gefleckter Schierling und Rainfarn sind unverträglich, ähneln aber den Blättern der Schafgarbe. Unterscheidungsmerkmal: Die Giftpflanzen riechen unangenehm, Schafgarbe riecht aromatisch.
Sonnenblumenblüten	Nur die Pflanze und Blütenblätter dürfen unbegrenzt angeboten werden, die Kerne sollten rationiert werden.
Spitzwegerich	Wirkt entzündungshemmend, lindert Verdauungsbeschwerden, hilft als Tee bei Erkältungskrankheiten, ausschwemmend bei Nieren- und Blasenproblemen.
Vogelmiere	Vorsicht giftiger Doppelgänger: Acker-Gauchheil, wird auch als rot oder blau blühende Vogelmiere bezeichnet, ist aber unverträglich.
Wiesenbärenklau	Vorsicht giftiger Doppelgänger: Wird häufiger mit dem giftigen Riesenbärenklau und dem Hecken-Kälberkropf verwechselt! An helle Tiere nur selten verfüttern! Stacheln der älteren Pflanzen können zu Reizungen führen.
Wiesensalbei	Ist besser verträglich als Küchensalbei.
Wilde Möhre	Die ganze Pflanze mit Wurzel kann verfüttert werden. Vorsicht giftiger Doppelgänger: Die grünen Blätter von Gefleckter Schierling und Rainfarn sind unverträglich, ähneln aber den Blättern der Wilden Möhre und Schafgabe. Unterscheidungsmerkmale der Pflanzen sind hier zu finden: Schierling und andere Doldenblütler.

Heu

So schön es wäre, den Tieren immer frisches Wiesengrün anzubieten, so wenig ist das für Stadtmenschen beziehungsweise im Winter durchführbar. Um diesen Mangel auszugleichen, bekommen unsere Heimtiere hochwertiges Heu. Dieses besteht im Idealfall aus getrockneten Süßgräsern sowie einigen Kräutern und Blüten. Alle Meerschweinchen fressen gern Heu, selbst wenn sie frisches Wiesengrün und Gemüse direkt daneben liegen haben. Es hilft ihnen bei der Verdauung und beim Abnutzen ihrer Backenzähne, außerdem schmeckt ihnen hochwertiges Heu saugut.

Die Heuraufen dürfen niemals ganz leer gefressen sein. Meerschweinchen müssen die Möglichkeit haben, aus dem Heu zu selektieren, es ist normal, dass dabei je nach Heuqualität bis zu 50 % des Heus nicht gefressen werden. Wenn die Meerschweinchen sich nicht aussuchen können, welche Halme sie fressen wollen, nehmen sie teilweise auch schädliche Heubestandteile zu sich, die in jedem Heu vorhanden sind. Große Heuberge sind nicht nur ein schönes Mittagessen für die Meerschweinchen, sie helfen auch, diese gesund zu erhalten, und bieten beliebte Ruheplätze.

Die Erntezeit, das Wetter, die Trocknung, die Anbaufläche sowie natürlich Gras- und Kräutersorten sind für den „Nährwert" des Heus sehr entscheidend. Deshalb können hier nur sehr grobe Analysewerte angegeben werden. Durchschnittlich enthält Heu folgende Inhaltsstoffe: 8–16 % Rohprotein, 22–35 % Rohfaser, bis zu 3 % Kalzium und 1–2 % Phosphor.

Heuqualitäten

Es gibt verschiedene Heuqualitäten. Unterschieden wird dabei nach Erntezeitpunkt und Trocknungsart.

Der 1. Schnitt wird ab Juni geerntet. Dann ist der Rohfasergehalt relativ hoch und das Gras enthält Grassamen, die hochwertigeres Protein und Fette liefern. Er ist meist verhältnismäßig grob und holzig. Im Frühling wachsen die Gräser auf einer Wiese sehr viel schneller in die Höhe als die Kräuter. Deshalb ist im Heu des 1. Schnitts sehr viel Gras im Verhältnis zu den Kräutern.

Um die besten Heuhalme streiten sich Mutter und Tochter auch schon einmal.

In jedem Gehege sollte das Heu auch einfach auf dem Boden liegen.

Etwas sauberer wird Heu in Heutunneln angeboten. Socken eignen sich ebenfalls.

Der 2. Schnitt ist nährstoff- und proteinreicher und enthält mehr Kräuter und feine Gräser, die nach dem 1. Schnitt schneller nachwachsen. Er ist in der Regel weicher. **Grummet** werden die weiteren Schnitte genannt.

Für die Meerschweinchenernährung wäre eine Mischung aus dem 1. und 2. Schnitt optimal. Allerdings verschmähen manche Meerschweinchen den holzigen und rohfaserreichen 1. Schnitt.

Trocknung des Heus

Die Trocknung des Heus ist entscheidend dafür, wie viele Nährstoffe das Heu enthält und wie stark es mit Schimmel, Pilzen und Parasiten belastet ist.

Bodentrocknung Das Gras wird nach der Mahd einige Zeit auf dem Feld belassen, wo es ausgebreitet trocknet. Wenn es warm, sonnig und trocken ist, dann trocknet der Grasschnitt schneller durch. Regen und Feuchtigkeit begünstigen Schimmel und Pilze im Grasschnitt. Der Grasschnitt wird mehrfach gewendet, damit er gut belüftet ist und gleichmäßig trocknet, dabei gehen allerdings viele wichtige Bestandteile wie Samen und feine Blattbestandteile verloren. Je länger der Schnitt auf dem Feld gut belüftet durchtrocknet, umso

höher ist die Heuqualität. Nach dieser Trocknung wird das Heu in Ballen gepresst und eingelagert. Dann ist es allerdings noch nicht vollständig durchgetrocknet und muss weitere sechs Wochen im Ballen nachtrocknen, bevor es verfüttert werden kann und haltbar ist.

Reuterheu Das Wiesengrün wird nach dem Mähen auf große Holzstangen beziehungsweise Holzreiter aufgebracht. Diese sind manchmal überdacht und bestehen häufig aus einem senkrechten Pfahl, der mit mehreren Querstäben versehen ist. Es gibt außerdem Gitterreuter, die wie riesige Heuraufen aussehen, und verschiedene andere Arten. Auf einem Reuter kann das Heu wesentlich schneller und besser belüftet trocknen, es ist weder der Bodenfeuchtigkeit noch dem Regen vollständig ausgesetzt. Bei dieser Art der Trocknung kommt es zu weniger Pilzbefall oder Schimmel und die Nährstoffe werden besser erhalten. Reuterheu kann häufig schon zwei Wochen nach der Ernte verfüttert werden.

Heißluftgetrocknetes Heu Das Gras wird direkt nach dem Mähen in großen Trommeln mit Heißluft (bis zu 120 °C) getrocknet. Dabei bleiben die Nährstoffe weitgehend erhalten und es kommt kaum noch zu Schimmel- oder Pilzbefall. Das Heu kann fast unverzüglich nach dieser Trocknung verfüttert werden.

Selbstgemachtes Heu

Wer nur wenige Meerschweinchen hat, der kann im Sommer selbst ein wenig Heu herstellen. Dazu wird die Wiese mit einer Sense gemäht. Gras aus dem Rasenmäher eignet sich nicht für die Heuherstellung, es ist zu fein zermahlen, mit Maschinenöl aus den Rasenmäherklingen verschmutzt und bei Benzinrasenmähern auch zu stark durch die Abgase belastet. Das gemähte Gras wird anschließend auf Reutern getrocknet, dafür eignen sich z. B. Wäschespinnen und Wäscheständer, auf diese wird ein Leinentuch gelegt und darauf wird das Gras zum Trocknen ausgebreitet. Getrocknet wird bei Sonnenschein direkt auf der Wiese oder auf einem gut belüfteten Dachboden. Eine Trocknung kleinster Mengen im Ofen bei 50 °C über mehrere Stunden ist ebenfalls möglich.

Küchenkräuter

Küchenkräuter eignen sich sehr gut, um den Speiseplan der Meerschweinchen schmackhaft zu erweitern. Verwenden Sie vorwiegend Biokräuter oder selbst gezogene Kräuter. Auch hier keine Angst vor vielleicht giftigen oder krank machenden Inhaltsstoffen. In kleinen Mengen sind sie völlig unbedenklich. Auch die wehenfördernde Wirkung der Petersilie tritt erst nach der Aufnahme von mindestens einem großen Strauß Petersilie auf, ein Stängelchen hingegen hat noch keinem trächtigen Meerschweinchen geschadet, außer dass es Appetit auf mehr bekam. Kräutertöpfe aus dem Supermarkt eignen sich gut, um immer frische Kräuter von der Fensterbank zur Verfügung zu haben. Die Pflanzen können auch im Garten eingepflanzt werden.

Küchenkräuter	
Name	**Besonderheiten**
Basilikum	Wirkt krampflösend, appetitanregend und beruhigend.
Brunnenkresse	Enthält atemwegsreizende Senfölglykoside, nur in kleinen Mengen anbieten, wirkt leicht appetitanregend, stoffwechselfördernd und harntreibend.
Dill / Gurkendill	Wirkt appetitanregend und verdauungsfördernd, lindert Blähungen und regt die Milchbildung an.
Liebstöckel; Maggikraut	Wirksam bei Nieren- und Magenleiden, wirkt abtreibend.
Majoran	Die Blüten enthalten bis zu 4 % ätherische Öle.
Melisse (Zitronenmelisse)	Wirkt krampfstillend, magenstärkend, wird bei Blähungen unterstützend gegeben.
Oregano	Wirkt bei Darmbeschwerden, hilft angeblich bei Kokzidiose.
Petersilie	Wirkt harntreibend und wehenfördernd.
Pfefferminze	Wirkt entkrampfend, durchblutungsfördernd und regt die Gallensekretion an.
Rosmarin	Wegen des hohen Anteils an ätherischen Ölen und Gerbstoffen nur selten und in kleinen Mengen anbieten.
Salbei	Wiesen-Salbei ist als Heilpflanze ungeeignet, aber als Futterpflanze schmackhaft.
Thymian	Wirkt leicht anregend, entzündungshemmend und antibakteriell.

Wiesengrün sammeln

Nicht jeder hat eine eigene Wildwiese zur Verfügung, insofern ist es notwendig, dass sich jeder Meerschweinchenhalter nach Pflückmöglichkeiten in seiner Umgebung umschaut. Dabei sollte einiges beachtet werden.

Stark gedüngt Wenn Sie Wiesen in Ihrer Umgebung gefunden haben, auf denen saftiges Grün wächst, sollten Sie versuchen, herauszufinden, wem die Wiese gehört, und nachfragen, ob Sie dort pflücken dürfen. Gerade in landwirtschaftlichen Gebieten werden Futtersammler nicht gern gesehen, und so manche Wiese dient auch als Abladeplatz für große Mengen Gülle, und somit wäre das überdüngte Grün als Futter nicht mehr zu empfehlen. Üppig wachsendes Grün an Feldrändern wird oft mitsamt dem Feld gedüngt, außerdem werden die Randstreifen in dicht besiedelten Gebieten oft als Hundeklo genutzt. Auch der Nachbar düngt vielleicht seinen Rasen, auf dem Sie pflücken wollten. Also besser einmal fragen, als den Tieren zu schaden.

Wildkaninchen Wenn Sie schöne Wildwiesen gefunden haben, achten Sie darauf, dass dort nicht zu viele Wildkaninchen wohnen. Ihre Anwesenheit ist meist leicht an den vielen dunklen Kötteln an den Wiesenrändern zu erkennen. Wird dort gepflückt, laufen Sie Gefahr, Krankheiten und Parasiten, die Kaninchen übertragen können, mit nach Hause zu nehmen.

Hundewiese Kleine Wiesen in Wohngebieten sind häufig Hundetoiletten. Wenn viel Kot auf der Wiese liegt, sollten Sie vom Pflücken Abstand nehmen. Bei großen Wildwiesen sind Hunde kein Problem, sie erleichtern sich eher am Rand oder in Baumnähe. Pflücken Sie also besser in der Mitte der Wiese. Auf manchen Spielplätzen sind schöne Rasenflächen zu finden, dort gibt es zwar wenige Kräuter, aber da Hunde auf Spielplätzen verboten sind und auch ein übermäßiger Düngereinsatz nicht erlaubt ist, können Sie das Gras von Spielplätzen meist bedenkenlos verfüttern.

Bevor das Wiesengrün verfüttert wird, sollte überprüft werden, dass es ungiftig ist.

Ungiftig?

Wenn Sie die perfekte Wiese gefunden haben, dann achten Sie beim Pflücken darauf, dass Sie nur Pflanzen mitnehmen, die Sie als ungiftig kennen und sicher bestimmen können. Zu Anfang hilft ein Bestimmungsbuch und das Internet, falls Sie noch unsicher sind. Schütteln Sie das gepflückte Grün einmal gut aus, bevor Sie es in Ihren Korb legen, so werden Sie zumindest einen Teil des Ungeziefers los, das sich im Gras befindet.

Am sehr frühen Morgen sollte nicht gepflückt werden, feuchtes und kaltes Wiesengrün kann zu Verdauungsbeschwerden führen. Wenn die Meerschweinchen jederzeit Zugang zum feuchten Grün haben, schadet es ihnen nicht, da sie dann von sich aus nicht zu viel davon fressen. Bekommen sie es rationiert, dann könnten sie sich überfressen, weil sie sich gleich heißhungrig darauf stürzen.

Kraut und Gemüse

Frisches Kraut und Gemüse versorgt die Meerschweinchen nicht nur mit Flüssigkeit, sie nehmen darüber auch viele benötigte Vitamine, Eiweiß und Kohlenhydrate zu sich und es bringt eine schmackhafte Abwechslung in den Futterplan.

Gemüseblätter Der Supermarkt bietet eine Fülle an hochwertigen Futtermitteln für unsere Heimtiere, und manche davon muss man nicht einmal bezahlen. Gerade das Kraut von Kulturpflanzen ist nicht nur schmackhaft, es dient im Winter auch als Grünfutterersatz. Möhren- und Fenchelgrün, Kohlrabi-, Sellerie-, Radieschen- und Rübenblätter sowie die Deckblätter von Maiskolben sind ein sehr beliebtes und hochwertiges Futter für Meerschweinchen. Nehmen Sie keine matschigen, braunen Reste aus der Grünfuttertonne. Unsere Heimtiere sind keine Mülleimer! Ist das Grün ein wenig schlapp, können Sie es auch für einige Stunden in Wasser stellen, Kohlrabiblätter und Möhrengrün sind danach wieder schön knackig.

So viel sie wollen Steht wenig Wiesengrün zur Verfügung oder wird es nur einmal am Tag gepflückt angeboten, ist es wichtig, mehrmals am Tag frisches Gemüse als Futterergänzung anzubieten. Bei ganztägiger Wiesenfütterung reicht eine Gemüsemahlzeit am Tag aus. Die Meerschweinchen dürfen sich an Gemüse satt fressen. Gut 100 g gemischtes Gemüse pro Tier und Tag sollten nicht unterschritten werden, um Mangelerscheinungen vorzubeugen. Es darf aber gerade im Winter auch mehr als doppelt so viel sein. Gemüse sollte immer im Gehege vorhanden sein. Möhren und anderes Wurzelgemüse sind sehr energiereich, werden aber meist gar nicht so gern gefressen. Trotzdem werden sie regelmäßig angeboten. Sie bleiben häufig noch eine Zeit lang im Gehege liegen und bieten auch dann, wenn der beliebte Salat und die Gurke schon lange weg sind, eine gesunde Zwischenmahlzeit.

Zubereitung Das Gemüse wird für die Meerschweinchen genauso zubereitet wie für uns Menschen: Es wird gewaschen, bei dem für den Vitamin-C-Gehalt sehr sinnvollen Paprika wird der Stiel entfernt, er enthält Solanin, genau wie das Tomatengrün, das auch entfernt wird. Sellerieknollen, Kohlrabi und andere Knollen mit harter Schale können geschält werden, da Meerschweinchen die Schalen

So einen Leckerteller möchten die kleinen Racker bitte mindestens zwei Mal am Tag haben.

Aufgespießt verschmutzt das Gemüse nicht und wird nicht von den Tieren weggetragen.

Sie können sich kaum entscheiden, ob sie nun Gras oder Möhre mümmeln sollen.

meist nicht mögen. Bei den meisten Gemüse- und Obstarten ist es allerdings nicht nötig, sie zu schälen, unter der Schale stecken viele wertvolle Inhaltsstoffe, die sonst verloren gehen. Schneiden Sie das Gemüse in kleinere Stückchen, damit jedes Meerschweinchen aus der Gruppe die Chance hat, an beliebtes Gemüse heranzukommen und diese auch wegzutragen. Es sollten von jedem Gemüse immer mehr Stückchen als Meerschweinchen vorhanden sein, damit sie sich nicht streiten.
Fünf verschiedene Gemüsearten am Tag helfen Mangelerscheinungen vorzubeugen. Dabei sollten verschiedene Gemüsearten wie Blattgemüse und Wurzelgemüse gemischt werden. Wird eine Gemüsesorte zu einseitig oder in zu großen Mengen verfüttert, kann sogar gesundes Futter auf Dauer schaden. Je mehr unterschiedliche Futtermittel angeboten werden, umso mehr wird allerdings auch selektiert. Außerdem sollte nicht jeden Tag etwas ganz anderes angeboten werden, täglich eine neue oder andere Futtersorte reicht aus.

Gefährlicher Kohl?

Nur wenige Kohlgewächse *(Brassica)* haben einen so hohen Gehalt an hochmolekularen Kohlenhydraten (z. B. Rhamnose und Stachyose) und wasserbindenden Ballaststoffen, dass sie roh zu einer starken Aufgasung führen können. In erster Linie wären hier die Hartkohlsorten zu nennen: Rotkohl, Weißkohl, Rosenkohl und auch Wirsing. Zwar werden diese Kohlsorten in geringen Mengen auch gut vertragen, aber bei empfindlichen Tieren können sie zu Blähungen führen. Die meisten anderen Kohlarten sind leichter zu verdauen und zählen zu den gesunden und reichhaltigen Nahrungsmitteln. Sie enthalten viele sekundäre Pflanzenstoffe, Vitamine, Mineralien und Spurenelemente. Gut verträglich sind z. B. Chinakohl, Grünkohl, Broccoli, Blumenkohl und Romanesco. Der beliebte Kohlrabi ist kein Kohl, sondern eine Gemüsepflanze, die ebenfalls gut vertragen wird.

Lagern Sie Kohl vor dem Verfüttern einige Tage im Kühlschrank, dadurch wird er leichter verdaulich. Füttern Sie ihn vorsichtig an und verzichten Sie darauf, Kohl zu verfüttern, wenn die Tiere Darmprobleme haben.

Schmackhafte Salate

Blattgemüse, vor allem Salate aller Arten, werden leider immer wieder als ungesund verteufelt. Sie gehören in der Tat zu den Pflanzen, die viel Nitrat einlagern und damit auch nitrathaltig sind. Der Nitratgehalt in den Salaten ist allerdings, je nach Jahreszeit, Erntezeitpunkt, Herkunftsland und Anbauweise so unterschiedlich, dass es falsch wäre, generell alle Salate als zu nitrathaltig und damit ungesund abzulehnen. Auch der niedrige Nährstoffgehalt und der hohe Wasseranteil werden häufig als Grund angeführt, weshalb Salat nicht verfüttert werden soll. Die folgende Liste zeigt aber deutlich, dass Salat einiges zu bieten hat. Die Meerschweinchen mögen Salate in der Regel sehr gern und es gibt keinen Grund, ihnen dieses schmackhafte Futter vorzuenthalten, solange auch viele andere Futtersorten angeboten werden.

Alle Gemüsesorten enthalten zwischen 0,2 und 0,4 g Fett (Grünkohl 0,9 g) und zwischen 1 und 3 g Eiweiß. Der Mineraliengehalt liegt zwischen 0,5 und 1,9 g, der Ballaststoffgehalt im Schnitt bei 1,5–4 g.

Als Futter nicht geeignet

Es gibt auch einige Gemüsepflanzen, die nicht verfüttert werden sollten. Zwiebelgewächse wie Porree, Zwiebeln, Schnittlauch, Knoblauch enthalten schwefelhaltige Verbindungen (Sulfide), die schleimhautreizend wirken. Werden sie in zu großen Mengen verfüttert, kann es im schlimmsten Fall sogar zu einer oxidativen Denaturierung des Hämoglobins und damit zu hämolytischer Anämie führen. Hülsenfrüchte (Linsen, Erbsen, Bohnen) können roh Aufgasungen begünstigen. Bohnen sind roh giftig, frische Süßerbsenschoten werden gut vertragen. Kartoffeln enthalten im rohen Zustand schlecht verdauliche Stärke, die grünen Stellen, Triebe und das Grün sind giftig. Rettich und Radieschen enthalten stark reizende Senfölglykoside. Rhabarber ist aufgrund seines hohen Oxalsäuregehaltes unverträglich.

	Vit. C mg	Kalzium mg	Phosphor mg	Kohlenhydrate g	Wasser g	Besonderheiten
Aubergine	5	12	20	3,3	92,6	Nur ganz reife Früchte verfüttern, unreife Auberginen führen zu Durchfall.
Blattspinat	50	125	55	0,6	91,6	Enthält sehr viel Oxalsäure, selten geben.
Blumenkohl	49	20	54	2,7	91,6	Auch die Blätter werden gern gefressen.
Broccoli	110	100	80	1,7	89,7	Der Strunk darf mitverfüttert werden.
Chicoree	10	20	23	1,1	94,4	Die äußeren Blätter entfernen.
Chinakohl	35	40	30	0,7	95,4	Wird sehr gut vertragen.
Eisbergsalat	3,9	19	20	1,6	94,6	Gut lagerbares und beliebtes Futter.
Endivien	10	50	60	0,9	94,3	Hoher Gehalt an Mineralstoffen wie Kalium, Phosphor, Kalzium und Eisen sowie Vitamin A,B und C, enthält Inulin.
Feldsalat	30	30	49	0,7	93,4	Häufig stark mit Nitrat belastet.

	Vit. C mg	Kalzium mg	Phosphor mg	Kohlen-hydrate g	Wasser g	Besonderheiten
Fenchel	93	100	51	2,8	86	Knollen und Grün dürfen verfüttert werden, gut verträglich bei Verdauungsbeschwerden.
Grünkohl	105	210	80	1,2	86,3	Hochwertiges und nährstoffreiches Winterfutter.
Gurken	10	20	24	1,9	96,8	Schlangengurke, Salatgurke, Nostranogurken, Meerschweinchen lieben Gurken in jeder Variation.
Kohlrabi	64	70	50	3,9	91,6	Die Blätter werden lieber genommen als die Knolle.
Kopfsalat	14	35	30	0,9	86,3	Im Winter stark nitratbelastet.
Kürbis	18	25	30	3,1	91,3	Hokaido ist sehr beliebt, aber auch das Fruchtfleisch anderer Gemüsekürbissorten wird genommen.
Möhren	7	40	30	4,9	88,2	Dürfen mit Grün verfüttert werden.
Pastinaken	17	50	70	2,8	80,2	Mit 13 g Ballaststoffen gut für die Verdauung.
Paprika	140	11	30	2,8	91	Alle Farben sind geeignet, grüne Stellen und Strunk werden entfernt.
Petersilienwurzel	41	60	60	3,9	1,6	Knollenpetersilie und Wurzelpetersilie.
Rote Beete	5,1	25	38	8,5	88,8	Hat einen hohen Oxalsäuregehalt.
Sellerie	9	70	90	1,7	88,6	Knollen- und Stangensellerie mit Blättern.
Steckrübe	38	50	30	8,5	89,3	Nahrhaftes und vitaminhaltiges Wintergemüse.
Schwarzwurzel	4	50	75	1,1	78,6	Nur geschält verfüttern, wirkt harntreibend.
Topinambur	4	10	78	4	78,9	Die Pflanze (Blätter, Blüten) wird gut vertragen, die Knollen sind Kraftfutter.
Zucchini	16	23	23	2,2	92,2	Werden bevorzugt geschält gefressen.

Obst

Hin und wieder mögen unsere Leckermäuler natürlich auch frisches Obst. Es kann sowohl Bestandteil der täglichen Futterration sein, als auch als Leckerchen von Hand verfüttert werden. Da Obst sehr viel Zucker enthält, sollte allerdings ein Anteil von 10 % an der Gesamtfutterration nicht überschritten werden. Zu viel Zucker kann die Bildung von Hefen im Darm begünstigen und zu einem erhöhten Blutzuckerspiegel führen.

Lieber nicht füttern

Folgende Obstsorten sind nur stark eingeschränkt zu verfüttern, bei empfindlichen Meerschweinchen sollte ganz darauf verzichtet werden:

Steinobst wie Kirsche, Pfirsich, Pflaume, Nektarine und Mirabelle enthalten sehr viel Zucker und können in größeren Mengen zusammen mit Wasser zu starkem Durchfall führen, die Steine enthalten geringe Mengen Blausäure. Exotische Früchte wie Cherimoya, Curuba, Granatapfel, Guaven, Physalis, Kumquat, Litchi, Mangos und Papaya enthalten viele Fruchtsäuren und teilweise sehr viel Zucker. Avocado führt in unreifem Zustand zu Durchfall, einige Sorten sind für Meerschweinchen sogar giftig.

Trockenfutter

Unter Trockenfutter werden Futterbestandteile zusammengefasst, die getrocknet sind und sehr wenig Wasser enthalten. Sie werden in ver-

Name	Besonderheiten
Äpfel	Alle Apfelsorten sind geeignet und als Futtermittel beliebt.
Bananen	Bananen sind sehr zuckerhaltig und können angeblich zu Verstopfung führen. Nur geschält verfüttern.
Birnen	Birnen können in Verbindung mit Wasser zu Durchfall führen.
Brombeeren	Blätter von stachellosen Pflanzen werden gern gefressen.
Cranberries	Durch die enthaltenen Flavanole, Antioxidantien wirken Cranberries entzündungshemmend auf Schleimhäute im Maul, Magen, Blase. Sie können auch bei anfälligen Tieren Blasenentzündungen vorbeugen.
Erdbeeren	Blätter können mit verfüttert werden.
Hagebutten	Frisch oder getrocknet wird die Hülle der Hagebuttenfrucht ohne Kerne (Nüsschen) verfüttert.
Heidelbeeren	Blätter und Äste der Pflanze sind ebenfalls als Futtermittel geeignet.
Himbeeren	Blätter von stachellosen Himbeerpflanzen werden gern gefressen.
Johannisbeeren	Blätter und Äste der Pflanze sind ebenfalls als Futtermittel geeignet.
Kiwi	Selten geben, die Fruchtsäuren reizen die Haut und säuern den Urin an.
Mandarinen	Sehr selten geben, die Fruchtsäuren reizen die Haut und säuern den Urin an. Ohne Schale verfüttern.
Melone (Wassermelone)	Im Sommer ein beliebter Durstlöscher.
Orangen	Siehe Mandarinen
Weintrauben	Die Schale enthält viel Gerbsäure.

Obstberge wie dieser sollten die Ausnahme bleiben, auf Dauer ist so viel Obst zu süß.

schiedenen Mischungsverhältnissen und Verarbeitungsformen als Einzel-, Fertig- oder Alleinfutter angeboten.

Bestandteile sind unter anderem getrocknete Kräuter, Blätter, Kraut und Blüten, ebenso getrocknetes Obst und Gemüse, Getreide und Getreideprodukte, Hülsenfrüchte, tierische Produkte aus Ei oder Milch, Pellets, Melasse und verschiedene andere Zusatzstoffe.

Kräuter, Blätter, Blüten

Getrocknete Kräuter sind reich an Proteinen, aber sie enthalten auch viele Mineralien. Wird wenig Grünfutter verfüttert, sind getrocknete Kräuter ein sinnvolles Zusatzfutter und als Proteinlieferant fast unverzichtbar. Werden zu viele trockene Kräuter gereicht, kann es zu einer Überversorgung mit Mineralien, vor allem mit Kalzium, kommen, dies kann bei Tieren

mit entsprechender Prädisposition Nieren- und Blasenprobleme begünstigen.

Grundsätzlich ist es gerade im Winter und bei fehlendem Wiesengrün sinnvoll, täglich eine Mischung aus verschiedenen getrockneten Kräutern, Blättern und Blüten zu verfüttern. 5 g pro Tier und Tag sind allerdings ausreichend. Bestehen kann so eine Mischung unter anderem aus grün geerntetem und getrocknetem Dinkel, Hafer und Weizen, dazu gern Löwenzahn, Brennnesseln, Spitzwegerich, Sonnenblumenblättern, Ringelblumenblüten, Haselnuss-, Apfel- und Maisblättern. Alle Kräuter, Blätter und Blüten, die frisch gegeben werden dürfen, werden meistens auch gern getrocknet genommen. Viele Futtermittelhersteller bieten mittlerweile fertige Trockengrünmischungen an. Hochwertige Heusorten enthalten ebenfalls viele Kräuter.

Pellets

Pellets bestehen üblicherweise aus stark gemahlenen Futterbestandteilen, die zusammengepresst werden. Unterschieden wird dabei unter anderem zwischen heißgepressten und kaltgepressten Pellets.

Heiß- und kaltgepresst Für heißgepresste Pellets werden die Inhaltsstoffe stark erhitzt und dann zu Pellets gepresst. Diese Pellets haben meist eine sehr glatte Oberfläche, sind hart und haben einen stark vermahlenen Rohfaseranteil. Bei der Herstellung gehen wichtige Vitamine und Inhaltsstoffe verloren, diese werden anschließend oft als künstliche Mischung wieder auf die Pellets aufgebracht. Kaltgepresste Pellets werden lediglich angefeuchtet und mitunter mit einem Bindemittel versehen und kalt in Pelletform gepresst. Sie haben meist eine raue Oberfläche und lassen sich leichter zerbrechen. Der Rohfaseranteil ist in der Regel grober und sie enthalten natürliche Vitamine und intakte Pflanzenfasern und sekundäre Pflanzenstoffe.

Keine Wahl Bei der Aufnahme von Pellets können die Tiere nicht selektieren. Sie müssen den ganzen Pellet fressen und damit alle Inhaltsstoffe zu sich nehmen. Früher wurde angenommen, man müsste die Tiere so dazu zwingen, sich ausgewogen zu ernähren. Heute weiß man, dass Meerschweinchen sich selbstständig ausgewogen ernähren, wenn sie die Möglichkeit der Futtermittelauswahl bekommen.

Schwer verdaulich Dadurch, dass in den Pellets die Nahrung zu stark komprimiert ist, wird zu viel in zu kurzer Zeit gefressen. Dabei nehmen die Meerschweinchen häufig nicht genügend Flüssigkeit auf, um die gefressene Nahrung gut verdauen zu können. Einige Pelletarten quellen bei gleichzeitiger Flüssigkeitszufuhr im Magen auf und können sogar die Magenwände belasten. Grundsätzlich machen Pellets durch ihre komprimierte Energiezufuhr die Meerschweinchen zu schnell satt, sie fressen zu wenig und nehmen zu wenig Rohfaser auf. Die stark vermahlene Rohfaser in den Pellets gewährleistet keine optimale Darmpassage. Die zu lange Verweildauer des Futters im Darm führt zu Fehlgärungen und Darmproblemen. Durch das Zerkauen der Pellets werden die Backenzähne falsch belastet und wenig abgerieben.

Obwohl noch Salat daneben liegt, ist der Brokkoli in der Papprolle interessanter.

Als Leckerchen und Winterfutter Grundsätzlich sind Pellets bei abwechslungsreich ernährten Meerschweinchen nicht nötig. Als Leckerchen aus der Hand können reine Kräuterpellets hin und wieder einzeln angeboten werden. Bei extrem erhöhtem Energiebedarf in Winteraußenhaltung können sie Bestandteil eines hochenergetischen Zusatzfutters sein. Mischpellets, die Getreide, Melasse oder weitere nicht näher definierte Zusatzstoffe enthalten, sind unnötig bis ungesund. Gemüse- oder Obstpellets aus Trester enthalten zu viel Zucker und Stärke und sind ebenfalls nicht sinnvoll.

Getreide und Mais

Getreide (Weizen, Hafer, Gerste, Hirse, Roggen Sesam etc.) und Mais sind für die gesunde Meerschweinchenernährung nicht nötig. Die enthaltene Stärke kann nur unzureichend verdaut werden und kann bei übermäßiger Gabe zu Darmproblemen führen. Wird viel Getreide verfüttert, sind die Tiere zu satt und nehmen zu wenig Rohfaser auf. Die Kiefermuskulatur wird beim Kauen von Getreidekörnern sehr stark belastet, Kieferreizungen bis hin zu Abszessen könnten die Folge sein. Getreideflocken werden besser vertragen, sie sind leichter zu mahlen und die enthaltene Stärke ist durch das Erhitzen und Quetschen aufgeschlossen. Sie sind allerdings extrem energiereich und sollten nur in sehr geringen Mengen als Zusatzfutter genutzt werden. Meerschweinchen, die einen erhöhten Energiebedarf haben, beispielsweise bei der Zucht, in Winteraußenhaltung oder bei Krankheit, können täglich bis zu einem Teelöffel Getreideflocken bekommen.

Getrocknetes Obst und Gemüse

Getrocknetes Gemüse quillt im Magen der Tiere auf und kann die Magenwände belasten. Bei Überfütterung kann es sogar zu einer gefährlichen Magenüberladung oder Verstopfung kommen. Wird nicht gleichzeitig viel Heu und Wasser aufgenommen, kommt es zu Verstop-

Ein Teelöffel mit gemischten Samen wöchentlich reicht aus, um die nötigen Fettsäuren zuzuführen.

fung. Getrocknetes Obst und Gemüse ist sehr zuckerhaltig, wird dauerhaft viel Trockenobst bzw. -gemüse aufgenommen, kommt es zu einem zu hohen Blutzuckerspiegel. Getrocknetes Gemüse kann im Winter bei Tieren mit Gewichtsabnahme in geringen Mengen als Beifutter gereicht werden.

Nüsse, Kerne und Fettsamen

Üblicherweise nehmen Meerschweinchen die benötigten Fettsäuren über Gras- und Kräutersamen auf. Diese stehen aber nicht immer zur Verfügung und deshalb ist es sinnvoll, Fettsäuren in Form von Kernen oder Fettsamen zuzufüttern. Ein Teelöffel gemischte Samen und Kerne pro Woche reicht aus, um einem Mangel vorzubeugen. Folgende Samen und Kerne kann eine Mischung beispielsweise enthalten: Grassamen (Kammgras, Rohrschwingel, Knaulgras, Weidelgras), Leinsamen, Fenchelsamen, Hirse, Amaranth, Löwenzahn, Bockshornkleesamen, Sonnenblumenkerne und in sehr geringem Anteil auch Haselnüsse oder Walnüsse.

Tomaten sind nicht Jederschweins Sache, aber manche mögen sie sehr gern.

Hülsenfrüchte

Erhitzte und gepresste Hülsenfrüchte wie Erbsen und Bohnen sind hochwertige Protein-lieferanten. Sie sollten aber nur in geringen Mengen verabreicht werden, da sie in größe-ren Mengen durch ihren Stärkeanteil Auf-gasungen begünstigen.

Unverträgliche Zusatzstoffe

Zusatzstoffe wie Melasse, Zucker, Honig, Milch, Eier, tierisches Eiweiß sowie tierische Nebenerzeugnisse gehören nicht zum natür-lichen Futterspektrum der Tiere, sie machen unnötig dick und satt und sorgen für einen Abfall des natürlichen pH-Wertes des Darms. Zucker, oft in Form von Melasse, aber auch als Honig, wird den Tiernahrungsmitteln beige-geben, um die Futtermittelakzeptanz bei den Tieren zu erhöhen. Süßes schmeckt unseren Tieren, ist für sie jedoch schwer zu verdauen. Tierische Bestandteile sind für reine Veganer wie Meerschweinchen nichts, sie vertragen kein tierisches Eiweiß und haben eine Lakto-se-Intoleranz, ihnen fehlt die Laktase, um den Milchzucker aufzuspalten.

Fertigmischungen

Viele fertige Trockenfutter sind nicht optimal auf die Bedürfnisse von Meerschweinchen ab-gestimmt. Sie enthalten häufig zu viel Getreide und zu wenige grüne Bestandteile. Dafür sind sie mit bunten und aufgepoppten Futterbro-cken versehen. Diese Futtermittel sind meist sehr günstig in der Herstellung und sehen für den Menschen appetitlich aus, aber sie sind für eine ausgewogene Meerschweinchen-ernährung nicht geeignet.

Meerschweinchen mit erhöhtem Energie-bedarf, vor allem bei Winteraußenhaltung oder in der Zucht, benötigen allerdings mitunter zusätzliche Futtermittel mit höherem Energie- und Proteinanteil. Eine Mischung aus etwa 60 % gemischten Kräutern mit hohem Anteil an grün getrocknetem Getreide, 10 % Getreide-flocken, 10 % Fettfutter und 10 % getrocknetem Gemüse inklusive Erbsen- und Bohnenflocken sowie 10 % reinen Kräuterpellets haben sich als sinnvolles Zusatzfutter bewährt. Die Mischungsanteile können je nach Bedarf variieren. Mehr als einen Esslöffel dieser Mischung benötigen die Meerschweinchen pro Tag nicht.

Leckerchen

Auch sogenannte Leckerchen fallen in den Bereich der Trockenfuttermittel. Der Fachhandel bietet eine große Anzahl verschiedener Futtermittel an, die dazu dienen sollen, die Tiere zu verwöhnen. Einige der Futtermittel wie beispielsweise Knabberstangen und andere Knabberartikel suggerieren, dass die Meerschweinchen sich daran ihr Futter auf gesunde Weise erarbeiten müssen. Allerdings sind die meisten dieser Knabberartikel alles andere als gesund. Sie enthalten häufig große Mengen Getreide und Zucker und sind für die Meerschweinchen schwer verdaulich, dabei sind sie häufig so weich, dass sie den Nagezähnen wenig Widerstand bieten.

Gesunde Alternativen Nur wenige Hersteller bieten mittlerweile Knabberstangen und andere Knabberleckerchen wie Heuglocken, Herzchen, Taler und Ähnliches an, die nur aus Kräutern und Gemüse bestehen, ohne Zusatz von Getreide („Grainless"), Zucker, Honig und Melasse. Diese Knabberartikel können gern hin und wieder angeboten werden. Blocks und Cobs aus Heu oder Heu-/Kräutergemisch sind

so groß, dass sie nicht einfach gekaut und abgeschluckt werden, die Meerschweinchen müssen daran ein wenig arbeiten, um an das Futter zu kommen. Sie bieten den Tieren Beschäftigung und können ebenfalls im Rahmen einer gesunden Fütterung angeboten werden.

Erbsenflocken Sie sind bei meinen eigenen Meerschweinchen der absolute Hit, dafür tun sie fast alles. Obwohl diese Erbsenflocken hochwertiges Lysin enthalten und damit gar nicht so ungesund sind, sollten sie wegen des hohen Stärkeanteils wirklich nur als Leckerchen von Hand verfüttert werden, mehr als 2–3 Stück pro Tag wären etwas übertrieben. Allerdings eignen sich gerade diese trockenen Flocken sehr gut, um Intelligenzspielzeuge zu füllen, oder um den Tieren Medikamente, die in Tropfenform vorliegen und nicht schmecken, unterzuschmuggeln.

No go Die beim Halter sehr beliebten Drops enthalten Milchprodukte, die von Meerschweinchen gar nicht ausreichend verdaut werden können, und wieder viel Zucker. Analog zum Menschen wird suggeriert, man gönne den Tieren damit so etwas wie wir uns gönnen, wenn wir ein Stück Schokolade essen. Aber der Vergleich hinkt, denn Schokolade verursacht bei uns normalerweise keine Verdauungsbeschwerden; Leckerchen mit Milchanteil haben dagegen im Meerschweinchenmagen nichts zu suchen.

Für die Erbsenflocke in der Hand lässt jedes Schweinchen das Gemüse links liegen.

Er hat eine Erbsenflocke erbeutet und vernichtet sie sofort.

Frischer Giersch ist das Highlight in jedem Grünfutterberg.

Futter lagern

Durch die richtige Lagerung halten die Futtermittel länger, Vitamine bleiben erhalten und die Futtermittel sind hochwertiger.

Frischfutter Gemüse wird, mit Ausnahme von Tomaten, üblicherweise im Kühlschrank aufbewahrt, wo der Reife- und Fäulnisprozess durch die Kälte langsamer abläuft. Kondenswasser in den Gemüsefächern begünstigt die Bildung von Schimmel. Um die Gemüsebehälter trocken zu halten, hat es sich bewährt, den Boden mit Küchentüchern auszulegen, die die Feuchtigkeit aufnehmen. Diese sollten regelmäßig gewechselt werden.

Raufutter Heu lagern Sie am besten in Stofftaschen, Pappkartons, Leinenkopfkissen- oder Bettbezügen beziehungsweise in Holzkisten. Es sollte immer trocken, warm und gut belüftet gelagert werden. Plastiksäcke eignen sich nicht, aus ihnen kann die Restfeuchte nicht entweichen, dadurch bildet sich Schimmel.

Trokenfutter Trockenkräuter und andere Trockenfuttermittel können in Blechdosen,

Keksdosen, mit Papier ausgeschlagenen, dickwandigen Pappschachteln oder Holzschachteln gelagert werden. Auch hier kann die Restfeuchte entweichen und es kommt nicht zur Schimmelbildung. Fest verschließbare Plastikdosen sind nicht so gut geeignet. Da die Restfeuchte nicht entweichen kann, fault das Futter darin schneller. Tüten oder dünne Kartons sind ebenfalls ungeeignet, sie bieten Parasiten keinen ausreichenden Widerstand, und so kommt es in Tüten häufiger zu einem Befall mit Mottenlarven und Milben.

Knabberkram

Zweige mit Blättern verschiedener Bäume und Sträucher bieten den Meerschweinchen die Möglichkeit zu nagen und damit auch eine interessante Beschäftigung. Beim Benagen der Rinde werden die Zähne abgeschliffen und das Zahnfleisch massiert. Deshalb dürfen frische oder im Notfall auch getrocknete Zweige in keinem Meerschweinchenheim fehlen.

Hartes Brot?

Hartes Brot wird leider immer noch als Knabbermittel empfohlen und angeboten. Allerdings ist es ungesund und für den Zahnabrieb ungeeignet. Auch wenn uns getrocknetes Brot hart vorkommt, für die Schneidezähne eines Meerschweinchens ist es keine Herausforderung. Es ist porös und lässt sich leicht abnagen. Zu den Backenzähnen gelangt das Brot nur noch als aufgeweichter Speisebrei, es nutzt also dem Backenzahnabrieb nicht. Brot enthält zu viele Inhaltsstoffe, die für Meerschweinchen ungesund und teilweise unverträglich sind, wie z. B. Backtriebmittel, Salz, Konservierungsstoffe, Geschmacksstoffe und

mehr. Diese Stoffe können verschiedene Erkrankungen, vor allem an Niere und Leber, begünstigen. Der Hauptbestandteil von Brot ist Mehl, also Stärke. Diese wird im Darm nur zu einem kleinen Teil in Einfachzucker aufgespalten und als Energie aufgenommen. Ein großer Teil der Stärke wird nicht aufgespalten und dient im Dickdarm schädlichen Bakterien und Hefen als Nahrung, die sich in der Folge dort massenhaft ansiedeln und zu Darmerkrankungen führen können. Auf oder in altem Brot finden sich auch häufig Schimmelsporen, selbst wenn das Brot augenscheinlich noch nicht verschimmelt ist, können schon große Mengen Sporen vorhanden sein.

Essbare Zweige	
Name	**Besonderheiten**
Ahorn	Ohne Knospen und Blüten – nur kleine Mengen verfüttern.
Apfel	Ganz besonders beliebt, sowohl frisch als auch getrocknet.
Birke	Enthält viel Gerbsäure und die Blätter wirken harntreibend.
Birne	Die Zweige sind mitunter stark mit Schimmel belastet.
Buche	Buchenblätter sind stark oxalsäurehaltig, nur in kleinen Mengen geben.
Fichte	Wegen des hohen Anteils an ätherischen Ölen nur wenig geben. Anderer Name: Rottanne.
Hainbuche	Hoher Gerbsäureanteil, pilzanfällig = vor dem Verfüttern auf Pilzbefall untersuchen und nicht zu häufig anbieten.
Haselnuss	Die Blätter sind besonders beliebt.
Johannisbeere	Kann in großen Mengen gegeben werden.
Kiefer	Hoher Anteil an ätherischen Ölen, selten geben.
Linde	Die Blätter wirken stark harntreibend – kleine Mengen geben.
Pappel	Weniger beliebt, kann aber angeboten werden.
Quitte	Relativ hoher Gerbstoffanteil in den Ästen, die Früchte sind unverträglich.
Tanne	Nur echte Tannen wie z. B. Weißtanne, Edeltanne, Prachttanne, Nordmanntanne sind verträglich. Wegen des hohen Anteils an ätherischen Ölen nur wenig geben. Weihnachtsbäume sind oft gespritzt.
Ulme	Die Früchte können den Darmtrakt reizen, die Äste und Blätter sind gut verträglich.
Weiden	Enthält sehr viel Gerbsäure.

Wasser

Wasser ist ein wichtiges Nahrungsmittel. Auch wenn Meerschweinchen den größten Anteil ihres Flüssigkeitsbedarfs aus der Nahrung beziehen, ist es erforderlich, dass sie jederzeit Zugang zu frischem Wasser haben.

Leitungswasser ist eins der am besten überwachten Lebensmittel in Deutschland. Die Richtlinien für Trinkwasser sind streng, werden gut überwacht und die Grenzwerte für Schadstoffe sind sehr niedrig ausgelegt. In Deutschland ist die Trinkwasserverordnung noch strenger als die für Mineralwasser. Leitungswasser enthält üblicherweise auch gesunde Mineralien wie Kalzium- und Magnesiumkarbonate, auch hartes Wasser ist für gesunde Tiere kein Problem.

Alte Leitungen Wenn Sie in einem Haus mit sehr alten Wasserleitungen (Kupferleitungen) wohnen, das Wasser Schadstoffe enthält, die erst auf dem Weg vom Wasserwerk zum Haus ins Wasser gelangt sind, das Wasser in Ihrem Haus über irgendwelche Filteranlagen läuft und entmineralisiert ist, wird es nötig, auf Mineralwasser auszuweichen.

Wasserfilter sind nicht nötig. Nur wenn Sie ein Tier mit einer Nierenerkrankung haben und Ihr Wasser sehr hart ist oder in Ihrem Wohngebiet tatsächlich eine stärkere Keimbelastung des Wassers vorliegt, wird es nötig, das Wasser zu filtern. Wasserfilter sind allerdings mitunter selbst eine Gefahrenquelle, meist werden die Filterelemente nicht häufig genug ausgetauscht, da sie teuer sind, und so kommt es in vielen Filterkannen zu einer hohen bakteriellen Belastung im Filter und letztlich auch im Wasser.

Mineralwasser Es ist nicht grundsätzlich besser als Leitungswasser. Viele Mineralwassersorten haben einen hohen Nitratwert und durch die lange Lagerung in den Flaschen verschlechtert sich die Qualität. Wenn Sie auf Mineralwasser oder Tafelwasser zurückgreifen möchten, achten Sie darauf, dass das gewählte Wasser nitratarm ist. Selbstverständlich eignet sich nur kohlensäurefreies Mineralwasser. Die Richtwerte für Schadstoffe im Wasser sind für Lebensmittel (also Mineralwasser, Tafelwasser etc.) wesentlich höher angesetzt als die für Leitungswasser, somit ist Mineralwasser oft stärker mit Schadstoffen belastet.

Wasser ist wichtig! Manche Meerschweinchen bestehen darauf, es aus der Flasche zu trinken.

Erdbeere und Gras, mehr braucht das Schweinchen nicht, um sich mit Vitaminen zu versorgen.

Hingegen sind die Grenzwerte für mikrobiologische Verunreinigungen niedriger als beim Trink- bzw. Leitungswasser.

Regenwasser enthält zu wenig Mineralien und ist teilweise sogar extrem unsauber, es bindet die Schadstoffe (Autoabgase etc.), die in der Luft gelöst sind.

Futterzusätze

Die meisten im Handel angebotenen Futterzusätze sind bei einer ausgewogenen Ernährung überflüssig und teilweise sogar gesundheitsschädlich.

Salzlecksteine sind überflüssig, Meerschweinchen nehmen vor allem über Kräuter und Gemüse genügend Salze auf. Nagen die Meerschweinchen am Salzleckstein oder lecken sie übermäßig daran (häufig aus Langeweile), kann es sogar zu einer Natriumchloridüberversorgung kommen. In der Folge könnte es zu Bluthochdruck und Nierenproblemen führen.

Kalksteine oder mit Mineralien versetzte Steine bestehen zum größten Teil aus Kalzium, das gesunde Meerschweinchen in ausreichender Menge über Grünfutter und Heu aufnehmen. Nagen die Meerschweinchen häufig an den Kalksteinen, kann es schnell zu einer übermäßigen Kalziumresorption kommen, was die Harnsteinbildung und Organverkalkung begünstigt.

Vitaminpräparate Eine zusätzliche Vitamingabe ist bei einem artgerecht ernährten und gesunden Meerschweinchen nicht nötig. Zu viel zugeführte Vitamine können sogar schädlich sein. Obwohl beispielsweise Vitamin C wasserlöslich ist, kann eine massive Überdosierung, etwa durch Gaben von Vitamin-C-Pulver pur, zu einer Erhöhung von Oxalaten im Blut und damit sogar zu Blasen- und Nierensteinen führen. Dies ist durch natürliche Gaben über das Futter nicht möglich. Vitaminpräparate werden ausschließlich im Krankheitsfall nach Absprache mit dem Tierarzt für einen begrenzten Zeitraum verabreicht, um einen Mangel auszugleichen.

Futterumstellung

Wenn Sie neue Meerschweinchen aufnehmen, dann ist es häufig so, dass sie bei ihren bisherigen Besitzern nicht so gefüttert wurden, wie Sie das in Zukunft planen. Tiere aus dem Zoofachgeschäft kennen für gewöhnlich kaum Gemüse oder Grünfutter.

Langsam umstellen

Erfragen Sie beim Kauf, was die Meerschweinchen bisher kennen, und stellen Sie langsam auf eine andere Ernährung um. Auch wenn Ihre Tiere wegen einer Erkrankung Diäten bekommen sollen, werden diese immer nur langsam umgesetzt, um den Organismus nicht zu stark zu belasten.

Sind die Meerschweinchen an Trockenfutter gewöhnt, dann können Sie es sofort auf etwa 1 Esslöffel pro Tier und Tag reduzieren. Sie können es auch mit reinen Heu- oder Kräuterpellets strecken. Geben Sie innerhalb der nächsten drei bis vier Wochen täglich etwas weniger von dem Futter. Gleichzeitig sollten die Meerschweinchen an eine erhöhte Gabe von Gemüse und Grünfutter gewöhnt werden, das im selben Zeitraum langsam in immer größeren Mengen angeboten wird.

Gesundheitscheck

Wenn das Meerschweinchen die Futterumstellung nicht verträgt und mit Verdauungsbeschwerden reagiert, dann stoppen Sie die Umstellung und lassen das Meerschweinchen gründlich von einem Tierarzt untersuchen. Geben Sie eine Kotprobe ab und lassen Sie diese auf Würmer, Kokzidien und Colibakterien untersuchen.

Sollten sich keine Auffälligkeiten finden lassen, fangen Sie noch einmal mit einer Umstellung an. Setzen Sie das Trockenfutter langsam ab und steigern Sie erst danach die Grünfuttergaben. Wird das Grünfutter vertragen, können Sie langsam anfangen, einzelne Gemüsesorten zuzufüttern.

Futterverweigerung

Viele Tierhalter verzweifeln bei der Umstellung von Trockenfutter auf Frischfutter. Die Meerschweinchen verweigern häufig das ungewohnte Grünzeug und das Gemüse und die Tierhalter haben Angst, ihre Meerschweinchen könnten verhungern. Aber keine Angst, die Meerschweinchen müssen erst einmal lernen, was fressbar ist. Junge Meerschweinchen lernen das, indem sie bei den Alten ins Maul schauen und dabei erschnuppern, was schmeckt und was man lieber liegen lässt. Wenn alle Meerschweinchen in einem Gehege ein Futtermittel nicht kennen, dann tun sie sich sehr schwer damit, es anzunehmen. Mit der Zeit lernen die Tiere gesunde Kost so sehr schätzen, dass sie das Trockenfutter oder eine minderwertige Fütterung ablehnen und ihre Grünration einfordern.

Futterplan

Meerschweinchen müssen rund um die Uhr fressen und deshalb ist es wichtig, sie mehrmals am Tag zu füttern. Werden die Grünfuttermahlzeiten nur ein- oder zweimal am Tag gereicht, dann stürzen sich die Meerschweinchen auf das beliebte Futter, weil sie heißhungrig sind, überfressen sich und schlucken dabei vor Stress auch zu viel Luft. Sie nehmen

also in zu kurzer Zeit zu viel Gemüse und Kraut auf, danach fressen sie wieder über längere Zeit Heu, so kommt es zu einer ungleichmäßigen Belastung des Darms. Bieten Sie also mindestens drei oder mehr Mahlzeiten mit Grünfutter und/oder Gemüse täglich an.

Über den Tag verteilt könnte eine Futterration, neben dem Heu, das immer vorhanden ist, für ein Meerschweinchen beispielsweise folgendermaßen aussehen:

Im Winter
½ Möhre, ¼ Paprika, 4 dicke Scheiben Gurke, 2 große Salatblätter, 1 Broccoliröschen, 1 Cherrytomate, 2 Stängel Petersilie, einige Stängel Möhrengrün
oder
½ Möhre, 30 g Fenchelknolle mit Grün, 4 Scheiben Gurke, 2 Blatt Chinakohl, ¼ Apfel, einige Blätter Basilikum, drei Blätter vom Kohlrabi.

Im Sommer
Gut 200 g Wiesengrün, ½ Möhre, 2 dicke Scheiben Gurke, ¼ Paprika.

Sogar an den beliebten Löwenzahn müssen die Meerschweinchen langsam gewöhnt werden.

Es darf gern jeden Tag einen großen Berg Wiesengrün geben, auch mehrmals täglich.

Pflege und Gesundheitsvorsorge

Handling

Um ein Meerschweinchen pflegen zu können, muss es aus dem Gehege genommen werden. Allerdings finden das die kleinen Quietscher ausgesprochen unerfreulich. Sie werden sehr flink, wenn es darum geht, dem Menschen zu entkommen, und es ist für sie mit großem Stress verbunden, wenn sie für die Pflege gejagt werden.

Einfangen und hochheben

Versuchen Sie, Ihre Meerschweinchen langsam an das Hochnehmen zu gewöhnen. Locken Sie das zu fangende Meerschweinchen mit einem Leckerchen zu sich und versuchen Sie, es zu greifen, wenn es an dem Futter nagt. Ich will jedoch nicht verschweigen, dass dies gerade in großen Gruppen und bei ängstlichen Meerschweinchen kaum möglich ist. Die kleinen Wesen spüren sehr genau, ob man sie nur mit Leckerchen verwöhnen oder ihnen die Krallen schneiden will. Meine Meerschweinchen sind sonst sehr handzahm, aber wehe ich denke auch nur daran, sie zu fangen, dann sind sie sofort weg. Deshalb versuche ich, alle

nötigen Pflegemaßnahmen am Tag der wöchentlichen Gehegereinigung durchzuführen. Denn dann muss ich sie ohnehin aus dem Gehege nehmen und erspare ihnen so wilde Fangaktionen. Sie kennen das schon und laufen freiwillig in die Ecke, in der sie sitzen, während ich das Gehege reinige. Dort kann ich sie einfach hochnehmen.

Hochheben Achten Sie darauf, dass Sie alle vier Füße des Meerschweinchens abstützen. Umfassen Sie das Tier mit einer Hand um die Brust und stützen Sie mit dieser Hand die Vorderbeinchen. Mit der anderen umfassen Sie das Hinterteil und stützen die Hinterbeine. Zum Tragen wird das Meerschweinchen am besten so an die Brust gehalten, dass es auf einem Arm sitzt und mit der Hand des anderen Arms fixiert wird.

Fixieren

Kein Meerschweinchen lässt sich gern die Krallen schneiden oder die Perinealtasche reinigen, die kleinen Wesen winden sich aus den Händen und ziehen die Füßchen weg.

Deshalb ist es leider nötig, die Meerschweinchen für die Pflegemaßnahmen zu fixieren. Je
weniger sich die Tiere bewegen, umso weniger
Gefahr besteht für den Tierhalter und das Tier.
Zu Zweit Anfänger sollten nach Möglichkeit
zu zweit arbeiten. Dabei hält einer das Meerschweinchen sicher fest, indem er es jeweils
vorne und hinten mit einer Hand umfasst.
Die andere Person hat dann beide Hände frei,
um den Fuß zu halten und gleichzeitig die
Krallen zu schneiden. Ist dies nicht möglich,
wird es schon komplizierter. Bei manchen
Meerschweinchen ist es möglich, sie einfach
auf einen Tisch zu setzen, ihnen ihr Lieblingsfutter vorzusetzen, und schon sind sie durch
das Fressen abgelenkt. Aber die meisten Meerschweinchen sind so nicht zu überzeugen.
Im Schneidersitz Ich setze mich mit dem
Meerschweinchen auf den Boden, das hat den
Vorteil, dass es nicht tief fallen kann, falls es
ihm doch einmal gelingt, meinem Griff zu ent-
fliehen. Im Schneidersitz kann ich das Meerschweinchen gut zwischen meinen Beinen in
einer Mulde absetzen, was es schon relativ gut

Achtung

Grundsätzlich dürfen Sie die Meerschweinchen niemals, ohne sie festzuhalten, auf einem Tisch oder erhöhten Platz sitzen lassen.
Die Tiere können schnell und ohne Vorwar-
nung lossprinten und vom Tisch fallen.

an der Flucht hindert. So habe ich wieder beide Hände frei, um an die Füßchen zu kommen.
Ganz zappelige Meerschweinchen umfasse ich
mit der Hand um die Brust und drücke sie mit
ihrem Rücken gegen meinen Bauch, während
ihr Po auf meinem Schoß liegt. Das ist für die
Tiere sehr unangenehm und es ist wichtig, darauf zu achten, dass ihre Beine nicht hängen
und die Wirbelsäule nicht stark durchbiegt.
Trotzdem ist diese Art des Fixierens sinnvoll,
denn so kann man schnell und problemlos die
Krallen schneiden, und je schneller die Sache
vorbei ist, umso eher beruhigt sich das Meerschweinchen bei einer Gurkenscheibe im Gehege wieder.

Beim Tragen wird das Meerschweinchen mit beiden Händen vor der Brust fixiert.

Beim Hochnehmen für den Gesundheitscheck
werden die Beine abgestützl.

Pflegemaßnahmen

Gesunde Meerschweinchen mit kurzem Fell und viel Auslauf übernehmen ihre Körperpflege selbst. Sie brauchen nur selten Hilfe, z. B., wenn die Krallen zu lang werden. Ältere oder langhaarige Meerschweinchen hingegen können sich nicht immer selbst sauber halten und ihr Fell pflegen. Bei kranken Tieren sind manchmal medizinische Pflegemaßnahmen nötig, wie baden oder bürsten.

Fellpflege

Meerschweinchen mit kurzem Fell benötigen keine Fellpflege. Sie müssen und sollten nicht gebürstet werden. Meerschweinchen mögen das Bürsten nicht, es ist für sie so unangenehm, wie alle Streicheleinheiten (siehe Seite 52).

Kurzhaarschnitt Langhaarige Meerschweinchen müssen allerdings regelmäßig gepflegt werden. Das Fell sollte niemals länger als bis 1 cm über dem Boden hängen. Eigentlich ist selbst das zu lang, denn die Meerschweinchen können sich das lange Fell nur schwerlich sauber halten. Gerade am Hinterteil verschmut-

zen die Ausscheidungen das lange Fell sehr schnell und es kommt zu Verklebungen. Im Sommer ist es unter einem langen Fell zu warm. Damit die Meerschweinchen sich normal bewegen und gut putzen können, wäre ein kompletter Kurzhaarschnitt angebracht. Die Haare werden auf ein normales Maß von etwa 4 cm gekürzt. Ich habe gute Erfahrungen damit gemacht, dafür eine Nabelschere zu verwenden, diese ist leicht gebogen und hat abgerundete Spitzen, ist aber gleichzeitig sehr scharf. So schneidet man vom Tier weg und kann es kaum verletzen. Auch hochwertige Schermaschinen können zum Einsatz kommen, manche Meerschweinchen haben allerdings große Angst vor dem Geräusch, das diese Maschinen machen. Billiggeräte haben häufig gegen das feine Schweinefell keine Chance, sie verstopfen schnell. Im Gesicht wird das Fell nicht gekürzt, denn dort haben Meerschweinchen Tasthaare, die ihnen die Orientierung erleichtern. Werden diese abgeschnitten, entfällt einer der Sinne der Tiere.

Bürsten Wenn Sie aus ästhetischen Gründen den Tieren keinen Kurzhaarschnitt gönnen möchten, sollten die Schweinchen beim Ge-

sundheitscheck kurz gebürstet werden, um
verfilzte Stellen zu finden. Dazu wird niemals
ein Kamm verwendet, nur weiche Bürsten (für
Babys) sollen zum Einsatz kommen. Verfilzte
Stellen im Haar müssen herausgeschnitten
werden, nicht nur, um dem Tier das schmerz-
hafte Ausbürsten zu ersparen, sondern auch,
um Infektionen und Parasitenbefall, der
an solchen meist auch sehr schmutzigen
Haarknoten entstehen kann, zu verhindern.

Krallenpflege

Die Krallen der Meerschweinchen wachsen
ein Leben lang. Sind sie zu lang, wachsen sie
in den Ballen. Sobald die Krallen krumm werden, ist es dringend nötig, sie zu kürzen. Dies
ist allerdings nicht ganz leicht, deshalb sollten
Sie sich vorab von einem erfahrenen Tierhalter oder Ihrem Tierarzt zeigen lassen, wie es
geht. Etwa alle acht Wochen ist das Krallen-
schneiden erforderlich. Dabei werden alle
Krallen leicht abgeschrägt ca. 1 mm über dem
„Leben" abgeschnitten. Bei hellen Krallen ist
das „Leben" leicht zu erkennen, das Blutgefäß
schimmert rötlich, danach wird die Kralle hell
und hornfarben. Bei dunklen Krallen ist das
Leben weit weniger gut zu erkennen. Dort
kann man die Kralle von unten mit einer Ta-
schenlampe anleuchten, um zu erkennen, wo
das Leben aufhört. Wird zu tief, also in das Leben geschnitten, fängt es meist an, schnell
und heftig zu bluten, und selbstverständlich
tut es dem Tier auch weh. Die Blutung hört
normalerweise rasch wieder auf, halten Sie
die Kralle bis dahin trocken.

Krallenschere und Nagelknipser Womit Sie
die Kralle schneiden, hängt davon ab, womit
Sie gut klarkommen. Es gibt spezielle Krallen-
scheren, die das Schneiden erleichtern, auch
Nagelknipser sind geeignet. Ich bevorzuge einen Seitenschneider für Fußnägel. Wichtig ist,
dass das Werkzeug gut in Ihrer Hand liegt und
wenig Verletzungspotenzial für das Tier birgt.

Abnutzen Um die Intervalle für das Krallen-schneiden zu verlängern, können Sie dafür sorgen, dass die Krallen sich auf natürlichem Weg abnutzen. Viel Bewegung auf unterschied-lichen Untergründen hilft dabei. Steine im Ge-hege sind ebenfalls sinnvoll, allerdings müs-sen diese so angebracht werden, dass die Tiere auch darüberlaufen müssen. Von sich aus klet-tern die meisten Meerschweinchen eher ungern über Steine. Gut bewährt haben sich Treppen aus Gasbetonsteinen, die zu höher gelegenen Etagen führen. Es ist auch möglich, einen Gasbetonstein oder eine raue Kachel unter Näpfe, Tränken oder Heuraufen zu legen.

Ballenpflege

Bei übergewichtigen Meerschweinchen oder Tieren mit einer speziellen Veranlagung wächst die Hornhaut an den Füßen manchmal seitlich zu langen Wulsten weg. Auf Dauer stört das die Tiere beim Laufen und deshalb müssen diese Hornhäute entfernt werden. Auch hier gilt: Wenn Sie nicht ganz sicher sind, was Sie wo abschneiden müssen, dann lassen Sie es sich von einem erfahrenen Halter oder Tier-arzt zeigen. Die Hornhäute werden am besten bei der Krallenpflege entfernt. Da sie relativ weich sind, können sie gut mit einer normalen Nagelschere abgeschnitten werden. Schnei-den Sie nie zu nah am Ballen. Den Rest der Hornhaut können Sie sehr vorsichtig mit einer Nagelfeile (keine Hornhautreibe) abfeilen. Anschließend wird der Ballen mit Vaseline eingerieben, um ihn zu schützen. Das Ballen-horn darf nicht abgerissen werden, das kann zu entzündlichen Verletzungen führen.

Ist die Haut am Ballen gerötet, trocken oder rissig, ist ebenfalls Pflege nötig. Vaseline hat sich auch hier bewährt. Salben auf Was-serbasis weichen den Ballen zu stark auf und machen ihn noch anfälliger für Verletzungen. Ist der Ballen angeschwollen, wund oder heiß, dann suchen Sie bitte umgehend einen Tier-

arzt auf. Es droht ein schwer zu behandelnder Ballenabszess; mit einem rechtzeitigen Tier-arztbesuch und speziell ausgesuchten Salben kann das verhindert werden.

Anal- und Genitalbereich

Gesunde Meerschweinchen halten sich selbst sauber. Aber im Alter, bei Krankheit oder bei starkem Übergewicht können sie das manch-mal nicht mehr, dann muss der Mensch helfen.

Perinealtasche säubern

Unterhalb des Afters verläuft eine flache Ta-sche aus dünner Haut. Beim Bock enthält sie die Perinealdrüsen, welche Flüssigkeiten ab-sondern, die Duftstoffe enthalten. Es ist eine große Öffnung zwischen Anus und Hoden. Gerade ältere Böcke, vor allem Kastraten, ver-nachlässigen die Reinigung ihrer Perinealta-sche. Darin sammeln sich Köttel, Streu und anderer Schmutz. Deshalb sollte diese Tasche regelmäßig überprüft und gesäubert werden.

Luft anhalten Zur Überprüfung wird sie vor-sichtig auseinandergezogen, häufig ist auch schon von außen zu erkennen, ob die Tasche verschmutzt ist. Sie sollten in der Tat vorsich-tig vorgehen, vor allem sollten Sie versuchen, dabei nicht zu atmen, und wenn, dann nur durch den Mund. Das ist kein Scherz, der Ge-ruch, der aus dieser Drüsentasche kommt, ist unbeschreiblich und kann so großen Ekel her-vorrufen, dass Sie vor Schreck das Tier fallen lassen könnten. Ist die Tasche verschmutzt, dann kommt eine der unschönsten Erfahrun-gen der Meerschweinchenhaltung auf Sie zu.

Los geht's Legen Sie sich viele Wattestäb-chen, ein Schüsselchen mit warmem Wasser oder Babyöl und ein Handtuch bereit. Legen Sie das Handtuch unter das Meerschweinchen und fixieren Sie es auf Ihrem Schoß oder auf einem Tisch mit dem Rücken zu sich. Ziehen Sie die Tasche vorsichtig auseinander und versuchen Sie, mit einem in Öl oder Wasser

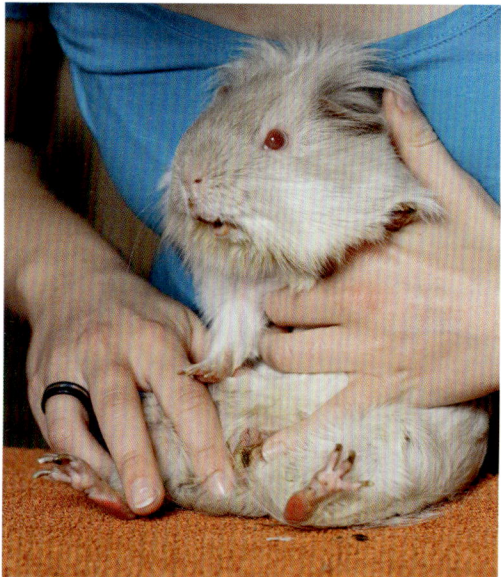

Bei älteren Böcken muss die Perinealtasche regelmäßig kontrolliert werden.

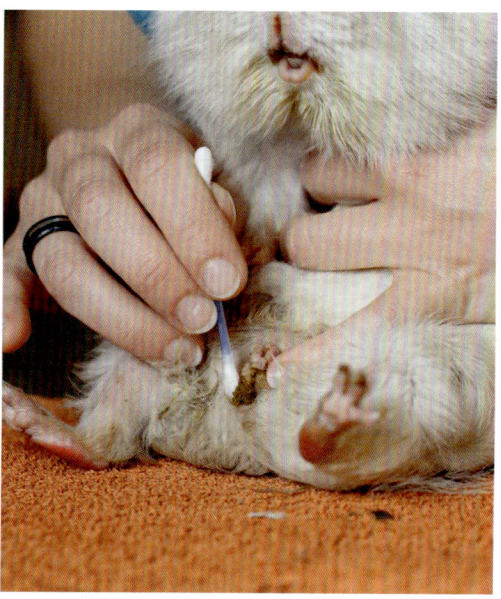

Bei Verschmutzung wird die Tasche mit einem Wattestäbchen gesäubert.

getränkten Wattestäbchen in die Tasche zu kommen, um den Schmutz zu entfernen. Ist die Tasche extrem voll, reicht es anfangs auch, wenn sie diese seitlich leicht drücken, um sie umzustülpen, dann kommt einem der Dreck schon entgegen. Danach wird nochmal kurz mit einem Wattestäbchen nachgewischt und mit dem Tuch der Rest des Schmutzes entfernt. Die Tasche sollte auf keinen Fall regelmäßig auf Verdacht gereinigt werden, da sie sonst unnötig gereizt wird.

Hinterher ist der Bock normalerweise schwer beleidigt, der Blick von so einem Bock ist unbeschreiblich und lässt einen lachend die unangenehme Prozedur schnell vergessen. Und Sie nehmen sich fest vor, beim nächsten Mal diesen Tipp anzunehmen: Reiben Sie sich etwas Pfefferminzöl oder ein Duftöl, das Ihnen gefällt, unter die Nase, bevor Sie anfangen.

Feuchte Reinigung

Die Anal- und Genitalregion kann bei Krankheit schnell verschmutzen. Urinnasses oder durch Kot verklebtes Fell muss regelmäßig

gesäubert werden, sonst zieht der Bereich Parasiten an und die Haut wird stark gereizt. Bei leichten Verschmutzungen reicht es meistens aus, diese vorsichtig mit einem feuchten Waschlappen abzuwischen und anschließend mit einem Handtuch zu trocknen.

Baden

Gesunde Meerschweinchen dürfen nicht gebadet werden. Baden reizt die Haut und trocknet sie aus, weil der Fettsäuremantel der Haut geschädigt wird. Nach jedem Bad benötigt die Haut mehrere Tage, bis sie wieder im Gleichgewicht ist. Außerdem stresst Baden die Meerschweinchen sehr. Bei starker Verschmutzung kann ein Teilbad nötig werden. Bei einem extrem starken Pilz- oder Parasitenbefall wird mitunter vom Tierarzt ein Bad mit einem Medikament verordnet.

Vorbereitung Gebadet wird immer auf dem Boden, damit das Tier, falls es ihm gelingt zu fliehen, nicht tief fallen kann. Sie benötigen zwei Schüsseln, zwei Handtücher, einen Waschlappen und entweder das Medikament oder zur Reinigung etwas parfümfreie Seife, Badelotion für Babys ist meist gut geeignet. Füllen Sie beide Schüsseln etwa fünf Zentimeter hoch mit handwarmem Wasser.

Für medizinische Bäder geben Sie das Medikament in die eine Schüssel. Setzen Sie das Meerschweinchen vorsichtig hinein und benetzen Sie das Tier mit der Hand. Lassen Sie kein Wasser über den Kopf laufen, der Kopf wird höchstens vorsichtig mit einem feuchten Waschlappen behandelt. Das Meerschweinchen darf nicht unter Wasser gedrückt werden und sollte niemals Wasser schlucken müssen. Je nachdem, ob das Medikament zur Wirkungsentfaltung auf dem Tier verbleiben muss oder nach einer gewissen Zeit abgewaschen werden darf, wird das Meerschweinchen hinterher in der zweiten Schüssel kurz abgespült oder gleich in ein Handtuch gewickelt, um dann an einem warmen Ort zu trocken.

Für die Reinigung wird das Meerschweinchen ebenfalls vorsichtig in die Waschschüssel gesetzt, versuchen Sie erst einmal, ob Sie das Tier ohne Seife reinigen können. Wenn nicht, wird der verschmutzte Bereich mit einem seifigen Waschlappen abgewaschen. In der zweiten Schüssel wird das Tier dann mit dem sauberen Wasser noch einmal nachgespült. Abschließend werden die Meerschweinchen vorsichtig mit Handtüchern trocken getupft und dürfen dann an einem warmen Ort in einem Kuschelsack trocknen. Manche Tiere lassen sich auch vorsichtig mit einem handwarmen (nicht heißen) Fön trocknen. Als Trost helfen dem Meerschweinchen einige Leckerchen und Grünfutter, um das schlimme Erlebnis schnell zu vergessen. Und Sie dürfen sich jetzt auch ein Stück Schokolade gönnen, um Ihre Nerven zu beruhigen.

Muss nur ein Füßchen gebadet werden, reicht dafür eine Cremedose oder ein anderes kleines Schälchen mit der Badelösung.

Schaut er nur zu, oder frisst er auch mit? Eine tägliche Kontrolle der Tiere ist wichtig.

Auch bei optimaler Pflege und perfekter Vor-
sorge können unsere geliebten Meerschweinchen erkranken. Allerdings sind sie wahre
Meister im Verstecken ihrer Erkrankung, denn
kranke Tiere haben in der Gruppe meist einen
schlechten Stand und sind außerdem eine
leichte Beute. Sobald die kleinen Wesen ihre
Krankheit deutlich zeigen, ist es häufig schon
zu spät für eine erfolgreiche Behandlung.
Deshalb ist es lebensnotwendig, Krankheiten
rechtzeitig zu erkennen und krankheitsaus-
lösende Faktoren möglichst zu vermeiden.

Faktoren

Damit ein Meerschweinchen erkrankt, müssen mehrere Faktoren zusammentreffen. Bakterien und Parasiten haben bei einem gesunden und fitten Meerschweinchen schlechtere
Chancen, als bei einem Tier, das unter Stress
steht und dessen Immunsystem nicht optimal
arbeitet. Folgende Faktoren können den Ausbruch von Krankheiten begünstigen. Sie sollten also möglichst vermieden oder nur von
kurzer Dauer sein.

Stress

Gestresste Tiere sind anfällige Tiere. Meerschweinchen sind Fluchttiere und schon deshalb schnell gestresst. Die Meerschweinchen
sollten nicht zu oft gegen ihren Willen hochgenommen, gestreichelt, gejagt oder bespielt
werden. Ein häufiges Umsetzen von einer
Gruppe in eine andere und unpassende Gruppenzusammensetzung mit damit verbundenen
Rangordnungskämpfen lösen starken Stress
aus. Auch Jungtiere in der Pubertät sind gestresst. Laute Geräusche, viel Geschrei und
ständiges Hundegebell können Meerschweinchen ebenfalls stark unter Stress setzen.

Unsauberkeit und Sauberkeit

Müssen die Meerschweinchen häufig auf
schmutziger Einstreu sitzen oder wird die
Umgebung grundsätzlich zu selten gereinigt,
dann sind sie permanent vielen Bakterien und
Parasiten ausgesetzt, das Immunsystem ist
überlastet.

Wird das Gehege hingegen ständig desinfiziert und übermäßig gereinigt, kann dies
nicht nur zu Stress, sondern auch zu einem
geschwächten Immunsystem führen.

Falsche Umgebung

In engen Häusern, womöglich noch aus Plastik, herrscht ein warmes, feuchtes Klima, in dem sich Milben, Bakterien und Pilze wohlfühlen. Solche Häuser sollten nicht verwendet werden. In kleinen Häusern kommt es häufiger zu Streit, zu enge Gehege, in denen zu viele Meerschweinchen wohnen, verursachen Stress. Große Hitze und große Kälte im Gehege machen die Tiere ebenfalls krankheitsanfällig. Ständiger Durchzug kann Atemwegserkrankungen begünstigen. Eine schlechte Luftzirkulation im Gehege und zu seltenes Lüften sind ebenfalls schädlich. Zigarettenrauch, Kerzenruß, Parfüms und Raumdüfte können die Atemwege der Meerschweinchen stark reizen.

Schlechte Ernährung

Die Abwehrkräfte der Meerschweinchen werden durch Vitamin- und Mineralienmangel geschwächt. Die Haut wird durch den Mangel an Fettsäuren brüchig. Nährstoffmangel und Untergewicht macht die Meerschweinchen ebenfalls anfälliger.

Kontakt

Neu aufgenommene Meerschweinchen können Krankheiten übertragen, deshalb ist eine Quarantäne (siehe Seite 42) sehr wichtig.

Tägliche Kontrolle

Um Krankheiten rechtzeitig zu erkennen, muss man nur die Augen offen halten. Am besten nimmt man sich mindestens einmal am Tag Zeit und setzt sich bei der Fütterung neben das Gehege, um die Tiere in Ruhe zu beobachten. Folgende Kriterien sollten Sie dabei beachten:

- Sind alle wach und an ihrer Umgebung interessiert?
- Kommen alle zur Fütterung, nehmen sie sich Futter und fressen sie es in der gewohnten Geschwindigkeit und Menge?
- Bewegen und benehmen sie sich normal, oder gibt es Streit und Probleme in der Gruppe, die sonst nicht da sind?
- Ist der Kot normal geformt? Riecht irgendetwas ungewöhnlich?
- Sehen alle Tiere aus wie sonst? Ist das Fell glatt oder so wie es üblicherweise aussieht?
- Sind die Augen sauber und offen?
- Putzen sich die Meerschweinchen selbst?

Wenn Ihnen bei der Kontrolle irgendetwas komisch vorkommt, fangen Sie das Tier und nehmen Sie einen gründlichen Gesundheitscheck vor. Finden Sie keinen Grund für die Veränderung und besteht das Problem weiterhin, suchen Sie einen Tierarzt auf.

Frische Luft und gesundes Futter fördern die Gesundheit der Meerschweinchen.

Gründlicher Gesundheitscheck

Einmal die Woche oder bei Verdacht auf Krankheit sollten Sie die Meerschweinchen ganz gezielt von Kopf bis Fuß gründlich untersuchen, um Krankheiten rechtzeitig festzustellen. Legen Sie sich folgende Materialien bereit:

- **Ein** Handtuch, um das Tier darauf zu setzen.
- Wattestäbchen zum Reinigen von Ohren und Perinealtasche (siehe Seite 144).
- Tücher und etwas warmes Wasser.
- Eine Waage, um die Tiere zu wiegen.
- Einen Zettel, auf dem die Namen der Meerschweinchen stehen, und einen Stift, um das jeweilige Gewicht und Besonderheiten direkt dort eintragen zu können.
- Eine Krallenschere, falls es nötig ist, die Krallen zu kürzen (siehe Seite 143).
- Materialien für die Fellpflege.

Setzen Sie das Meerschweinchen vor sich auf einen gut beleuchteten Tisch. Lassen Sie es dort niemals unbeaufsichtigt sitzen, halten Sie es immer fest. Nun können Sie mit der Untersuchung beginnen.

Kopf

Schauen Sie Ihrem Meerschweinchen zuerst von vorne in die Augen. Die Augen müssen gleich groß sein und dürfen weder hervorstehen noch eingefallen aussehen. Sie sollten nicht tränen und nicht verklebt sein. Sehen Sie sich dann die Nase an, sie darf nicht verklebt sein. Die Lippen unter der Nase sollten keine Verkrustungen aufweisen. Öffnen Sie nun vorsichtig das Mäulchen des Meerschweinchens und schauen Sie sich die Zähne von der Seite an. Sie müssen so zueinander stehen, dass sie sich gut abnutzen können. Die Schweinchen zeigen ihre Zähne freiwillig, wenn Sie ihnen ein Büschelchen Petersilie über den Kopf halten und es ihnen geben, dann können Sie gleich sehen, wie gut die Tiere fressen können. Manchmal steckt etwas zwischen den Zähnen, versuchen Sie das vorsichtig mit einem Zahnstocher zu entfernen. Ich nehme

dafür allerdings den Fingernagel des kleinen Fingers, der passt, und ich muss keine Angst haben, meine Tiere mit dem Zahnstocher zu verletzen. Stehen die Zähne V-förmig oder schräg zueinander, könnte das ebenfalls auf ein Problem hindeuten. Sehen Sie sich dann die Ohren an. Diese dürfen keine Schuppen oder Verkrustungen aufweisen. Es kommt vor, dass viel Ohrenschmalz in den Ohren ist. Entfernen Sie ihn vorsichtig mit einem Wattestäbchen. Dabei darf nur die Ohrmuschel gereinigt werden, nicht der Gehörgang!

Brust

Ich empfehle jedem, sich ein Stethoskop anzuschaffen und jedes Meerschweinchen kurz im Brust- und im Bauchbereich abzuhören. Wenn Sie oft genug gehört haben, wie sich die

gesunden Meerschweinchen anhören, merken Sie sofort, wenn etwas ungewöhnlich klingt, und können so Lungen- oder Darmerkrankungen wesentlich schneller erkennen.

Körper, Bauch und Füße

Tasten Sie den ganzen Körper vorsichtig ab. Fühlen Sie Verdickungen unter der Haut, kann das sehr verschiedene Ursachen haben, die aber alle behandlungsbedürftig sind. Tasten Sie den Bauch vorsichtig ab. Er sollte nicht aufgebläht aussehen und nicht hohl klingen. Sehen Sie sich das Fell gründlich an. Es sollte keine Krusten, Schuppen oder Löcher aufweisen, nur die kahlen Stellen hinter den Ohren und an den Fußsohlen sind normal. Kürzen Sie das Fell bei Bedarf. Schauen Sie sich die Füße genau an. Säubern Sie diese ggf. mit einem feuchten Tuch, achten Sie auf Verletzungen und kürzen Sie die Krallen auf ein normales Maß (siehe Seite 143).

Genitalbereich und After

Heben Sie das Meerschweinchen an oder fixieren Sie es kurz (siehe Seite 141), um von unten zu schauen. Der Anal- und Genitalbereich sollte sauber und nicht geschwollen sein. Die Zitzen, die bei Weibchen und Männchen vorhanden sind, sollten keine Verhärtungen aufweisen und nicht geschwollen sein. Um den Penis der Böckchen zu untersuchen, drücken Sie vorsichtig direkt über dem Penis auf den Bauch. Ziehen Sie das gute Stück ganz vorsichtig heraus und reinigen Sie es ggf., dafür eignet sich Babyöl recht gut. Schieben sie ihn wieder zurück.

Gewicht

Wiegen Sie das Meerschweinchen und schreiben Sie sich das Gewicht auf. Vergleichen Sie jede Woche die Gewichtsentwicklung, große Abweichungen (sowohl Ab- als auch Zunahmen) können auf Krankheiten hindeuten. Gewichtsschwankungen von etwa 50 g innerhalb einer Woche sind normal.

Regelmäßiges Wiegen ist wichtig. Das Gewicht kann Hinweise auf den Gesundheitszustand geben..

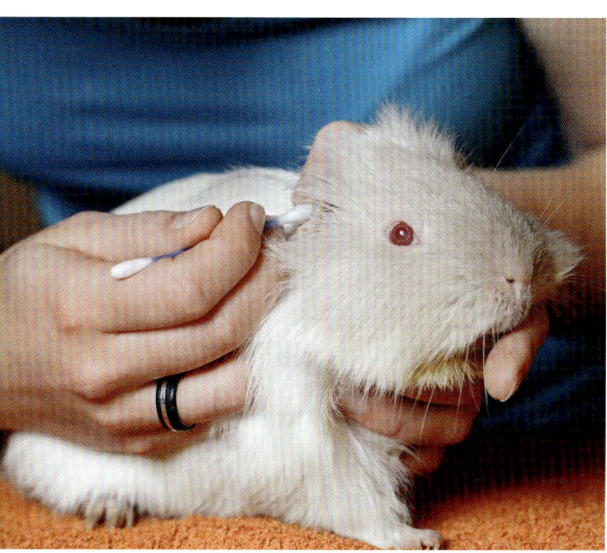

Wenn in den Ohren Dreck oder viel Ohrenschmalz ist, müssen sie gereinigt werden.

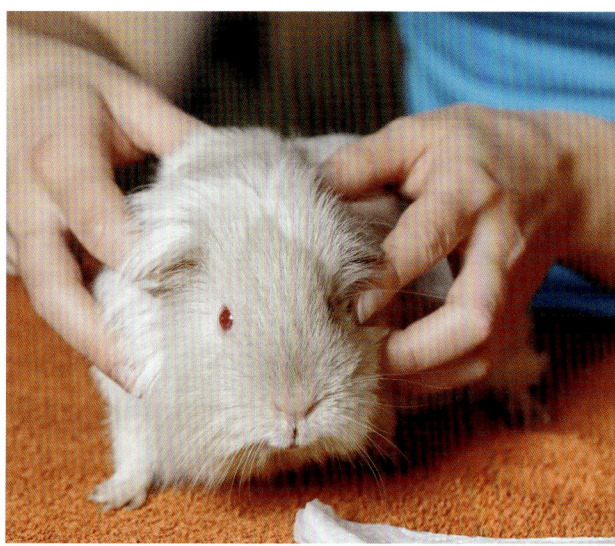

Das Meerschweinchen wird gründlich abgetastet, um Wucherungen rechtzeitig zu erkennen.

Keine Eigenbehandlung!

Wenn Ihnen beim Gesundheitscheck etwas auffällt, behandeln Sie bitte niemals das Tier aus eigenen Stücken, auch nicht mit Naturheilmitteln oder anderen augenscheinlich harmlosen Mitteln. Jede Verzögerung einer gesicherten Diagnose durch einen erfahrenen Tierarzt kann das Leben Ihres Meerschweinchens gefährden. Ein Laie ist nicht in der Lage, eine umfassende Diagnose zu stellen und kennt vielleicht nicht alle Maßnahmen, die ergriffen werden müssen. Auch wenn Sie sich viele Informationen aus dem Internet oder aus Büchern besorgt haben und sich gut auskennen, wiegt das ein jahrelanges Medizinstudium und professionelle Diagnosegeräte eines Tierarztes nicht auf.

Für den Notfall
Manchmal ist der Tierarzt nicht gleich zu erreichen und es muss schnell gehandelt werden. Eine kleine Notfallapotheke sollte dafür bereitgehalten werden. Folgendes kann sie enthalten: Ein Medikament gegen Aufgasung, beispielsweise mit dem Inhaltsstoff Simeticon,

künstliche Tränenflüssigkeit zum Reinigen verklebter Augen, Wunddesinfektionsmittel und eine Heilsalbe zum Versorgen kleinerer Wunden. Ein für Meerschweinchen geeignetes Schmerzmittel, Päppelbreipulver, falls das Tier die Nahrungsaufnahme verweigert, eine Spritze ohne Nadel, um dem Tier Flüssigkeit und Päppelbrei zu verabreichen, ein Wärmekissen und Kuschelsäcke. Päppelmittel und Medikamente bekommen Sie von Ihrem Tierarzt, sprechen Sie die Notfallapotheke mit ihm ab.

Checkliste Krankheiten

Wie Sie anhand der Liste auf Seite 152 sehen können, ist eine Diagnose nicht ganz leicht. Eine Auffälligkeit kann sehr verschiedene Ursachen haben. Nur sehr erfahrene Tierärzte können anhand von unterschiedlichen Kriterien und mit professionellen Diagnosemethoden wie Abhören, Röntgen, Probenentnahme und mit viel Fachwissen herausfinden, welche Erkrankung die Ursache für die festgestellte Anomalie ist.

Checkpunkt	Auffälligkeit	Mögliche Ursachen
Augen	Verklebt, verschlossen, trüb, tränen, eitriger Ausfluss, milchiger Ausfluss, stehen hervor, sind eingefallen.	Verletzung, Infektion, Abszesse oder Tumoren hinter den Augen, Backenzahnprobleme, Fremdkörper im Auge, Pilzbefall, Kalkablagerungen, erhöhter Blutdruck, Rolllid, Diabetes.
Nase	Verklebt, feucht, schorfig.	Infektion der oberen Atemwege, Fremdkörper in der Nase, Abszess im Oberkiefer oder im Augenbereich.
Maul	Maul stark feucht durch massives Sabbern. Lippen schorfig.	Backenzahnprobleme, Verdauungsprobleme, Infektion, Lippengrind, Vitamin-C-Mangel.
Zähne	Vorderzähne sind abgebrochen oder zu lang.	Fehlendes Nagematerial, Unfall (das Meerschweinchen ist gefallen oder irgendwo dagegengelaufen und hat sich die Zähne abgeschlagen).
Ohren	Schuppig, verklebt, schief gehaltener Kopf.	Parasiten, Pilzinfektion, Infektion des Innenohres, Tumoren im oder hinter dem Ohr, Abszesse.
After	Schmutzig, verklebtes Fell, starker Geruch, fehlender Kotabsatz	Durchfall, Darminfektion, Darmparasitenbefall, Aufgasung, Madenbefall, Verstopfung, Mangelernährung aufgrund von Zahnproblemen oder Infektion.
Genitalbereich	Ausfluss aus der Scheide, Penis nicht eingezogen.	Gebärmutterinfektion. Verletzung oder Verschmutzung des Penis, Penisvorfall.
Bauch	Hart, gluckert, schmerzempfindlich, geschwollen.	Aufgasung, Magenüberladung, Verstopfung, Infektion innerer Organe. Gebärmutterentzündung.
Beine	Hinken, humpeln, ein Bein wird nachgezogen.	Verstauchungen, Frakturen, Prellung an den Beinen oder der Wirbelsäule, Ballenabszess, massive Blähungen.
Körper	Wucherungen, Verdickungen unter der Haut.	Tumoren, Zysten, Lipome, Atherome, Liposarkome, Adenome, entzündete Verletzungen, beispielsweise Bissverletzungen, Insektenstiche.
Fell	Schorf, vermehrtes Kratzen, Fellverlust.	Parasitenbefall, Pilzbefall, Hormonprobleme, Allergien, Mangelerscheinungen.
Gewicht	Gewichtsveränderungen von mehr als 50 g innerhalb einer Woche oder stetige Zu- oder Abnahmen.	Abnahmen oder Zunahmen bei ausgewachsenen Meerschweinchen sind häufig ein Hinweis auf eine beginnende Krankheit.

Einige Erkrankungen sind leider relativ häufig. Im folgenden Kapitel werde ich kurz auf diese Erkrankungen eingehen. Dabei soll dieses Kapitel den Tierarztbesuch nicht ersetzen. Es ist jedoch wichtig, dass jeder Tierhalter diese Krankheiten kennt und im Fall einer Erkrankung weiß, was auf ihn zukommt, wie sie zu behandeln ist, und welche unterstützenden Maßnahmen er ergreifen kann, damit das Tier wieder gesund wird.

Hautparasiten

Diese Parasiten leben dauerhaft auf dem Wirt, ein unbehandelter Befall kann zum Tod des Tieres führen.

Sarkoptesräude

Ursache Die Grabmilbe *(Trixacarus caviae)* lebt unter der Haut und ernährt sich von Lymphe und Zellflüssigkeit. Befall beginnt meist im Gesicht, aber auch am Rücken und in den Flanken.

Symptome Starker Juckreiz, Hautläsionen, schorfige, blutige Stellen, Haarausfall, Unruhe, deutliche Schmerzzeichen. Im fortgeschrittenen Stadium Apathie und Abmagerung.

Diagnose Die Wunden und Krusten sind sehr charakteristisch und häufig durch Sichtung schon leicht zu identifizieren. Eine eindeutige Diagnose ist durch ein Hautgeschabsel und mikroskopische Untersuchung möglich.

Raubmilbe

Ursache Die Raubmilbe *(Cheyletiella parasitivorax)* lebt in den oberen Hautschichten und ernährt sich von Hautpartikeln und anderen Milbenarten. Die Eiablage findet am Haaransatz statt. Sie ist nicht wirtsspezifisch und geht auch auf andere Tiere über.

Symptome Große, auffallende Schuppen, Unruhe, Juckreiz. Im Extremfall auch Abmagerung und Haarausfall.

Diagnose Ein Abklatsch mit einem Tesastreifen wird unter dem Mikroskop untersucht.

Haarmilbe

Ursache Pelz- bzw. Haarmilben *(Chirodiscoides caviae)* lassen sich überall auf dem Tier finden. Sie leben auf der Haut und heften sich an den Haaren fest, auch die Eier werden dort

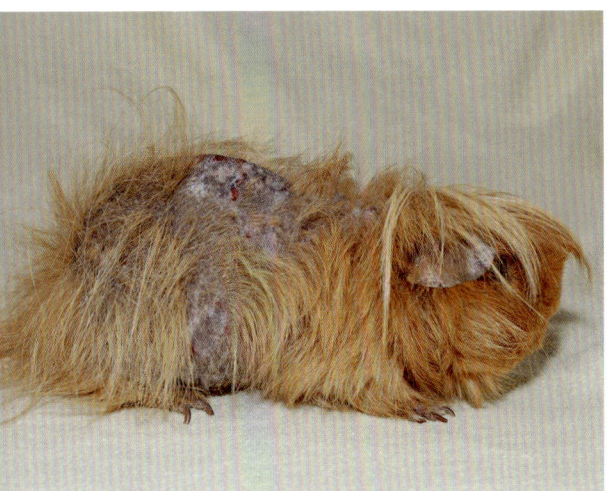

Dieses Meerschweinchen kam mit einem sehr starken Milbenbefall in die Notaufnahme.

Nach der erfolgreichen Behandlung ist das Fell einige Wochen später wieder nachgewachsen.

abgelegt. Besonders schwache und junge Tiere werden massiv befallen.

Symptome Der Befall ist für gewöhnlich symptomlos. Bei extremem Befall kommt es zu Haarausfall, Hautrötungen und Juckreiz.

Diagnose Eine Fellprobe wird unter dem Mikroskop untersucht, bei hellem Fell sind kleine, schwarze Punkte zu erkennen.

Haarlinge

Ursache Haarlinge (z. B. *Gliricola porcelli, Gyropus ovalis* und *Trimenopon hispidum*) siedeln überall auf dem Tier, bevorzugt lassen sie sich am Kopf, an der hinteren Rückenpartie und in der Aftergegend finden.

Symptome Haarausfall, Hautläsionen, schorfige, blutige Stellen, Juckreiz. Im fortgeschrittenen Verlauf Unruhe, Apathie, Abmagerung.

Diagnose Die Haarlinge sind als kleine, längliche Würmchen (1–2 mm lang) in Weiß oder Schwarz gut im Fell zu erkennen.

Herbstgrasmilbe

Ursache Die Herbstgrasmilbe *(Trombicula autumnalis)* ist vor allem im Herbst in großer Anzahl auf Wiesen zu finden. Die Larven der Herbstgrasmilbe gehen auf Menschen und

Tiere und ernähren sich dort von Blut und Gewebeflüssigkeit.

Symptome Bevorzugt am Kopf oder an den Ohren sind Hautrötungen zu erkennen. Es kommt zu Juckreiz, leichtem Haarausfall und im Extremfall zu Quaddelbildung.

Diagnose Es wird eine Fellprobe oder ein Abklatsch, der mit einem Klebestreifen genommen wurde, unter dem Mikroskop untersucht.

Behandlung von Hautparasiten

Alle gut wirksamen Medikamente gegen Parasitenbefall sind nur beim Tierarzt zu bekommen und nach vorheriger Diagnose anzuwenden. Frei verkäufliche Medikamente wirken bei den meisten Parasiten nicht zuverlässig. Es gibt sogenannte Spot on-Medikamente, die in den Nacken getropft werden, und Medikamente, die gespritzt werden. Durch die erste Gabe des Parasitenmittels werden nur die Parasiten, jedoch nicht ihre Eier getötet. Aus den Eiern schlüpfen innerhalb von 7–14 Tagen neue Parasiten und können das Tier neu besiedeln. Deshalb ist es wichtig, die Parasitenmittel mehrfach anzuwenden, üblicherweise drei Mal im Abstand von 7–10 Tagen. Es gibt Mittel mit Depotwirkung. Fragen Sie Ihren Tierarzt, wann und ob nachbehandelt werden muss. Üblicherweise sind nur einzelne Tiere einer Gruppe befallen. Alle Tiere der Gruppe sollten regelmäßig auf Parasitenbefall untersucht und gegebenenfalls mitbehandelt werden.

Die angegebenen Dosierungen müssen unbedingt eingehalten werden. Eine Überdosierung kann zu folgenden Vergiftungserscheinungen führen: Zittern, starkes Speicheln, Apathie, Bewusstlosigkeit. Treten diese Symptome auf, ist unverzüglich ein Tierarzt aufzusuchen.

Blutsaugende Parasiten

Flöhe

Ursache Es gibt verschiedene, nicht wirtspezifische Arten, wie beispielsweise Katzenflöhe *(Ctenocephakudes felis)*, Kaninchenflöhe *(Spilopsyllus cuniculi)* und weitere, die auch Meerschweinchen befallen.

Symptome Starker Juckreiz, Ekzeme, aufgekratzte Haut, rote Punkte auf der Haut.

Diagnose Flöhe und vor allem der Flohkot sind mit bloßem Auge meist als kleine, schwarze Punkte zu erkennen.

Behandlung Häufig reicht es aus, das Tier und seine Umgebung mit einem Flohmittel zu behandeln. Das Spray wird nicht direkt auf das Tier gesprüht, sondern man gibt die empfohlene Anzahl an Sprühstößen auf die Hand und rubbelt es damit ordentlich ab. Es kann stattdessen auch eine Bürste verwendet werden. So wird das Mittel gut verteilt und die Atemwege werden nicht durch das Spray gereizt.

Zecken

Ursache Auch von Zecken *(Ixodides)* gibt es mehrere Arten. Vor allem Schildzecken befinden sich im hohen Gras, im Gebüsch und in Sträuchern. Sie gehen auf verschiedene Tierarten und auf Menschen.

Diagnose Zecken sind je nach Entwicklungsstadium von wenigen mm bis cm groß und als kleine Spinnentiere gut mit bloßem Auge zu erkennen. Meist sieht man den Hinterleib aus der Haut ragen, mit dem Kopf bohren sie sich in die Haut, um Blut zu trinken. Zeckenbisse sind als kleine, rote Punkte zu erkennen. Mitunter entzünden sich die Bisse, dann werden sie zu großen Quaddeln.

Behandlung Ist es zu einem Zeckenbiss gekommen, sollte der unerfahrene Halter einen Tierarzt aufsuchen, der die Zecke entfernt und dann gleich die Wunde desinfiziert. Der erfahrene Halter kann die Zecke heraushebeln, hilfreich sind dabei Zeckenzangen oder Zeckenkarten. Die Wunde sollte desinfiziert und gut beobachtet werden. Zeigen sich Zeichen einer eitrigen Infektion, ist der Tierarzt aufzusuchen.

Fliegenlarven

Ursache Schmeißfliegen (Calliphoridae) legen ihre Eier bevorzugt in Wunden und an der Afterregion des Wirtstieres ab. Die Maden schlüpfen innerhalb von 8–24 Stunden. Sie ernähren sich von Gewebe und Wundsekreten. Besonders häufig werden schwache, alte und kranke Tiere im Sommer befallen.

Vor allem in Außenhaltung sollten die Tiere regelmäßig auf Parasiten untersucht werden.

Symptome Bei einem Befall am After versuchen die Meerschweinchen, sich häufig dort zu putzen oder rutschen mit dem Hintern über den Boden. Sie werden extrem unruhig, im Endstadium droht Apathie. Die Haut ist an der befallenen Stelle großflächig zerstört und zeigt starke Krusten. Die Maden wandern sehr schnell in den Körper.

Diagnose Die Larven sind als weiße Würmchen in der Wunde gut zu erkennen.

Behandlung Die Maden müssen vom Tierarzt entfernt werden, die Wunden werden gereinigt. Tiefe Wunden müssen in den folgenden Tagen mehrfach gereinigt und gesalbt werden. Lassen Sie sich vom Tierarzt zeigen, wie dabei vorzugehen ist. Wenn das Gewebe stark entzündet ist, sollte ein Antibiotikum verabreicht werden. Ein Schmerzmittel ist ebenfalls zwingend notwendig, denn diese Art der Verletzung ist extrem schmerzhaft. Bekommt das Meerschweinchen kein Schmerzmittel, könnte es das Fressen einstellen und eingehen. Wenn der Madenbefall sehr tief geht und nicht sicher ist, ob alle Maden und vor allem alle Eier entfernt sind, wird ein geeignetes Mittel gegen Parasiten verabreicht.

Darmparasiten

Kokzidiose

Ursache Kokzidien *(Eimeria caviae)* sind im Darm lebende Einzeller (Darmkokzidiose). Sie entwickeln sich in einem mehrphasigen Zyklus. Durch den Kot befallener Tiere werden Eier (Oozysten) ausgeschieden. Diese können monatelang überleben. Die Übertragung erfolgt oral über mit Kot verunreinigtes Futter und Einstreu.

Symptome Verdauungsstörungen, Blähungen (Tympanie), breiiger, unangenehm riechender Durchfall, Gewichtsabnahme. Stark befallene Tiere sind apathisch und verweigern die Nahrung. Jungtiere sterben bei einem Befall schnell. Ältere Tiere können Überträger sein, ohne selbst Symptome zu zeigen.

Diagnose Die Eier (Oozysten) können mit speziellen Methoden unter dem Mikroskop nachgewiesen werden.

Behandlung Zur Therapie werden Sulfonamidpräparate eingesetzt. Die Behandlung muss über einen längeren Zeitraum stattfinden, um auch später geschlüpfte Parasiten abzutöten.

Auch bei Darmerkrankungen sollte das Frischfutter nicht ganz gestrichen werden.

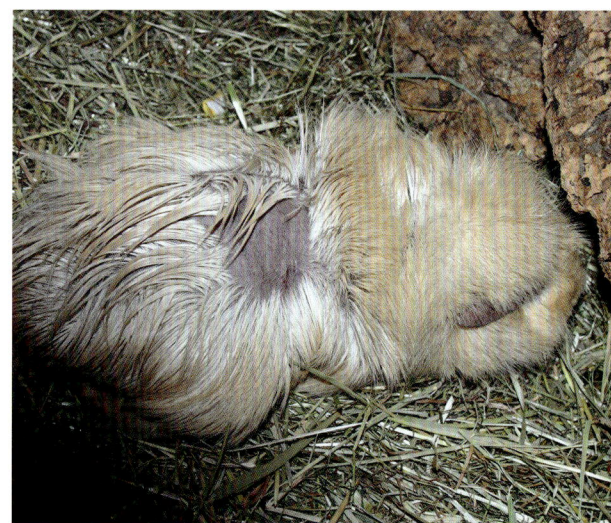

Behandelter Pilzbefall bei einem Meerschweinchen, das Fell ist von der Salbe fettig.

Spul- und Peitschenwürmer

Ursache Spulwürmer *(Paraspidodera uncinata)* siedeln sich im Blinddarm, Peitschenwürmer *(Trichuris gracilis)* im Dick- und Blinddarm an.

Symptome Ein Befall ist bei sonst gesunden Tieren fast symptomlos, es kommt lediglich zu einem leichten Gewichtsverlust. Bei Jungtieren und stark geschwächten Meerschweinchen kommt es zu Inaktivität, Abmagerung, Teilnahmslosigkeit, schleimigen Durchfall bis hin zur chronischen Darmentzündung.

Diagnose Die Oozysten können unter dem Mikroskop nachgewiesen werden. Es werden auch Würmer ausgeschieden und sind im Kot zu finden.

Behandlung Zur Therapie werden Wurmkuren (Anthelminthika) eingesetzt. Diese werden 1–5 Tage gegeben. Eine Wiederholung nach 5–8 Tagen ist ratsam.

Wichtig Sauberkeit ist Pflicht, um eine weitere Übertragung ausgeschiedener Oozysten zu verhindern. Die Einstreu wird nach jeder Behandlungsphase gewechselt, das Gehege gründlich gereinigt. Es findet kein Auslauf während des Befalls statt. Futter und Kot dürfen nicht miteinander in Berührung kommen.

Pilzbefall

Hautpilze (Dermatomykosen)

Ursache Verschiedene *Trichophyton*- oder *Microsporum*-Arten werden direkt von Tier zu Tier, von Tier zu Mensch und von Mensch zu Tier übertragen.

Symptome Kreisrunde, haarlose, mitunter weißlich verschorfte Stellen. Zuerst an Augen, Ohren, Schnauze und Gliedmaßen, bei starkem Befall auch an Rücken und Bauch. Bei einigen Arten auch einfacher Haarausfall an Flanken und Bauch. Fellverlust, das Fell lässt sich teilweise mit Hautschüppchen ablösen. Juckreiz nur im Zusammenhang mit gleichzeitig auftretenden Infektionen oder Parasitenbefall der geschädigten Haut.

Mit dem Grünfutter von der Wiese können Wurmeier eingeschleppt werden.

Diagnose *Microsporum canis* zeigt unter der Woodschen Lampe (UV-Licht) eine gelb-grüne Fluoreszenz. Andere Arten sind nur durch eine mikroskopische Untersuchung oder durch Aufzucht auf Spezialnährböden (Pilzkultur) eindeutig nachweisbar. Dies kann zwei Wochen dauern.

Behandlung Lokale Behandlung mit einem Mittel gegen Pilzbefall *(Antimykotika)*. Bei starkem Befall auch orale Gaben spezieller Pilzmittel. Die Behandlung muss mindestens sechs Wochen durchgeführt werden, auch wenn schon nach kurzer Zeit eine Besserung eintritt. Die Umgebung der Tiere muss sauber gehalten werden. Alle Tiere der Gruppe sollten regelmäßig auf Anzeichen von Pilz untersucht und ggf. mitbehandelt werden.

Wichtig Es handelt sich bei Pilzbefall um eine Zoonose, Menschen können sich anstecken. Äußerste Sauberkeit ist Pflicht. Das Tragen von Handschuhen bei der Behandlung der Tiere und häufiges Händewaschen beim Kontakt sind ein wirksamer Schutz.

Bewegung regt die Verdauung an und hilft, Verdauungsstörungen zu vermeiden.

Verdauungsstörungen

Durchfall

Ursache Die Ursachen für Durchfall sind vielfältig, deshalb ist eine Diagnose durch einen erfahrenen Tierarzt sehr wichtig. Häufigste Ursache sind Fütterungsfehler durch zu kohlenhydratreiche, fetthaltige Nahrung und zu wenig Rohfaser, oder auch permanente Mangelernährung. Ungewohnte Futtermittel in zu großer Menge gegeben, dazu gehört auch frisches Wiesengrün im Sommer, können Durchfall auslösen. Parasiten- und Pilzbefall sind ebenso Auslöser wie bakterielle Infektionen. Auch Vergiftungen durch Zimmerpflanzen und weitere schädliche Stoffe können Durchfall auslösen. Zahnerkrankungen können durch die veränderte Futteraufnahme zu Durchfall führen.

Symptome Der Kot ist ungewöhnlich geformt, von tropfenförmig über matschig bis flüssig. Zum Teil entsteht auch ein sehr strenger und unangenehmer Geruch.

Behandlung Die Behandlung von Durchfall richtet sich nach der Ursache. Häufig ist eine Futterumstellung auf eine gesündere Ernährung nötig. Die früher häufig angewandte

Heukur sorgt für Mangelernährung. Tiere mit Durchfall dürfen weiterhin Grünfutter und Gemüse fressen, nur Futtermittel, die aufgasend wirken können (Kohlgewächse), und Salate sollten vorläufig vom Speiseplan gestrichen werden. Präparate zum Aufbau der Darmflora werden meist nach der eigentlichen Behandlung des Durchfalls durch den Tierarzt verabreicht. Sie werden nicht zusammen mit Antibiotika gegeben, da diese die Wirkung mindern. Damit die Meerschweinchen nicht austrocknen, können sie mit Kräutertees, wie Fenchel- oder Kamillentee, zur Flüssigkeitsaufnahme angeregt werden. Zwangsernährung (siehe Seite 169) kann bei kompletter Futterverweigerung erforderlich werden.

Blähungen und Aufgasungen (Tympanie)

Ursachen Durch Zersetzungsprozesse entstehen Gasbläschen im Darm. Üblicherweise gehen diese über die Darmwände und den After ab. Wenn der Speisebrei zu wenig durchgängig ist, entstehen Verstopfungen, an denen sich Schaum bildet. Dieser weitet den Darm und sorgt für starke Schmerzen. Häufig entstehen Aufgasungen durch falsche Fütterung.

Viel Flüssigkeit ist bei allen Verdauungsproblemen lebenswichtig.

Zu viel Trockenfutter, große Mengen unge-
wohntes Grünfutter, zu viel Kohl, schlechte
Heuqualität und damit Heumangel begünstigen Aufgasungen. Ebenso Bewegungsmangel,
Infektionen, Parasiten und Zahnerkrankungen.
Symptome Futterverweigerung, harter und
aufgeblähter Bauch, Gluckern im Bauch,
starke Flankenatmung, hockendes Sitzen
mit gesträubtem Fell.
Behandlung Entkrampfende Mittel, Infusionen, Schmerzmittel und Medikamente, die
die Darmperistaltik unterstützen, werden vom
Tierarzt verabreicht. Als erste Maßnahme
kann ein Medikament mit dem Wirkstoff Simeticon oral eingegeben werden. Es löst die
Bläschenbildung auf und hilft dadurch, die
Gase natürlich abgehen zu lassen.

Verstopfung

Ursache Die Ursache ist häufig eine falsche
Fütterung mit zu wenig Heu, zu viel Trockenfutter, zu wenig Gemüse und Grünfutter, generell Flüssigkeitsmangel. Bewegungsmangel
ist häufig ebenfalls ein Grund für immer wie-
derkehrende Verdauungsprobleme. Auch Magenüberladung durch zu gieriges Fressen bei
Heißhunger kann zu Verstopfung führen. Ein
Befall mit Hefepilzen, Tumore, Darmverschlin-
gungen sind weitere Ursachen.
Symptome Fehlender Kotabsatz, der Kot ist
klein, mit Fell verklebt oder tropfenförmig.
Futterverweigerung, harter und teilweise aufgeblähter Bauch, Flankenatmung, hockendes
Sitzen. Die Meerschweinchen versuchen häufiger, mit rundem Rücken Kot abzusetzen.
Behandlung Infusionen, Flüssigkeitszufuhr,
Schmerzmittel werden verabreicht. 1 ml Speiseöl wird bis zu 3 x am Tag gegeben, es kann
dafür sorgen, dass der Magen- und Darm-
inhalt leichter weitergeleitet wird, damit der
Darm gleichmäßig befüllt wird und gut arbeiten kann. Auch Lactulose kann nach Absprache mit dem Tierarzt verabreicht werden.
Eine Umstellung der Ernährung und häufigere
kleine Mahlzeiten sind wichtig.

Zahn- und Kiefer-
erkrankungen

Abgebrochene oder zu
lange Schneidezähne

Ursache Die Gründe für abgebrochene Zähne
sind vielfältig. Stehen die Tiere stark unter
Stress und streiten sie viel, kann es passieren,
dass ein Tier gegen die Wand des Geheges
rennt und sich dabei die Zähne ausschlägt.
Mitunter sind die Zähne erst nur wackelig und
fallen nach und nach aus, weil sich der Bruch
im Kiefer oder im Zahnfleisch befindet und
erst langsam herauswächst. Ein Kalziummangel oder ein Ungleichgewicht der Mineralien-
zufuhr kann die Zähne weich oder brüchig
werden lassen. Häufiges Nagen am Käfiggitter
und ein Hängenbleiben kann zum Zahnverlust
führen. Zu lange Schneidezähne können die
Folge von fehlendem Nagematerial sein. Auch
eine Kiefer- oder Zahnfehlstellung, Infektionen oder Tumore im Kiefer können dazu führen, dass die Zähne sich nicht gegeneinander
abnutzen und zu lang werden. Speisereste
zwischen den Zähnen können diese zu einer
Fehlstellung bringen und die Zähne auch
weich werden lassen.

Er hat eine Veränderung der unteren Schneidezähne, sie wachsen zu dick und brechen ab.

Symptome Das Meerschweinchen versucht, Futter abzubeißen, lässt es dann aber wieder fallen. Stärkere Bewegung des Kiefers beim Kauen, falsche Kaubewegungen. In der Folge Gewichtsverlust.

Behandlung Zu lang gewachsene Schneidezähne müssen vom Tierarzt gekürzt werden. Dies sollte unter Zuhilfenahme eines Schleifgerätes erfolgen. Das Abknipsen mit einer Zange kann die Zähne spalten und nachhaltig schädigen. Wachsen abgebrochene Zähne gleichmäßig nach, muss nicht behandelt werden. Sind sie sehr ungleichmäßig, kann es sinnvoll sein, die Zähne auf eine gleiche Länge zu bringen. Die Meerschweinchen bekommen bis zur völligen Wiederherstellung ihrer Schneidezähne das Futter so zubereitet, dass sie es leicht aufnehmen können. Gräser, dünne Kräuter und weiches Heu können üblicherweise auch ohne Schneidezähne gut gefressen werden. Gemüse wird mit einem Sparschäler in dünne Streifen geschnitten oder grob geraspelt.

Zu lange Backenzähne

Ursache Schiefe oder zu lange Backenzähne, die die Mundschleimhaut verletzen. Brückenbildung durch zu lange Backenzähne. Der normale Zahnabrieb ist nicht mehr gewährleistet. Häufig verursacht durch falsche Fütterung, zu wenig grob strukturierte Fasern, zu weiches Heu, zu viel Trockenfutter. Selten auch ein angeborener Defekt, die Zähne sind falsch angelegt. Backenzahnfehlstellungen entstehen auch durch Tumore, Abszesse oder andere Erkrankungen im Bereich des Kopfes. Eine Ursache ist ebenfalls eine vorangegangene Krankheit und damit eine verminderte Futteraufnahme.

Symptome Langsames Fressen, starke Kaubewegungen, Sabbern, häufiges Aufreißen des Mäulchens beim Fressen, geringe oder keine Futteraufnahme, Gewichtsabnahme, Verdauungsbeschwerden und häufig schief abgenutzte Schneidezähne.

Diagnose Die Backenzähne werden vom Tierarzt mit einem Otoskop angeschaut. Bei Ver-

Nur mit gepflegten Zähnen ist die Nahrungsaufnahme problemlos möglich.

dacht auf Zahnfehlstellung wird das Tier leicht sediert und der Kiefer mit einem Spreizer auseinandergedrückt.

Behandlung Der Tierarzt gibt dem Meerschweinchen eine leichte Narkose und schleift die Backenzähne mit einem Schleifer ab. Diese Prozedur muss je nach Geschwindigkeit der nachwachsenden Zähne alle 6 bis 10 Wochen wiederholt werden. Viele Meerschweinchen haben hinterher Schmerzen im Kiefer, weil dieser zum Schleifen mit dem Spreizer überdehnt wurde. Die Verletzungen der Schleimhaut können ebenfalls schmerzhaft sein. Deshalb sollte auch für ein paar Tage ein Schmerzmittel gegeben werden, damit das Meerschweinchen wieder normal frisst. Eine Überprüfung der Futterzusammenstellung und eine Umstellung könnten nötig sein.

Wucherungen

Es kommt beim Meerschweinchen zu verschiedenen Formen von Wucherungen.

Abszesse

Ursachen Abszesse sind entzündliche, mit Eiter gefüllte, abgekapselte Hohlräume im Gewebe. Sie werden durch verschiedene Umstände verursacht oder begünstigt. Schief in den Kiefer wachsende Zahnwurzeln sind eine häufige Ursache. Es kann auch zu Druckabszessen kommen: Die Nahrung der Meerschweinchen wird üblicherweise mit leichtem Druck gemahlen, nicht mit großem Druck zerkleinert. Durch zu häufiges Kauen zu harter Pellets oder Getreide werden die Backenzahnwurzeln gereizt. Verletzungen im Kieferbereich bzw. am Körper (Bissverletzungen) können ebenfalls zu Abszessen führen.

Symptome Kieferabszesse führen zu einer schlechten Futteraufnahme bis zur Futterverweigerung, häufigem Sabbern und starken Kaubewegungen. Abszesse unter der Haut können zu Juckreiz und Schmerzen führen.

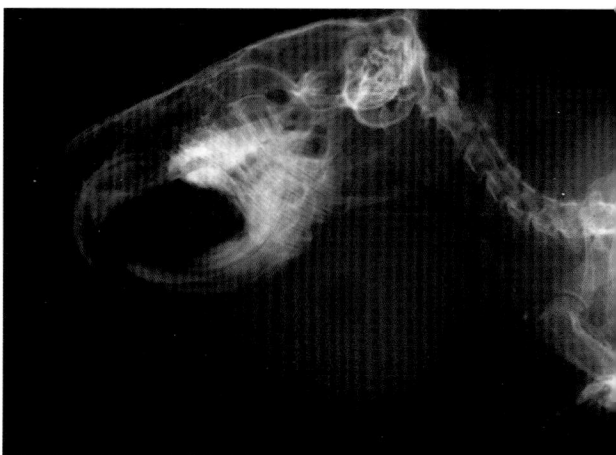

Röntgenbild eines eigroßen Kieferabszesses mit Schneidezahnveränderung.

Diagnose Größere Abszesse können im Kieferbereich durch Tasten lokalisiert werden. Kleinere Abszesse sind manchmal auf dem Röntgenbild zu erkennen. Abszesse am Körper sind als Wucherung unter der Haut tastbar.

Behandlung Der Abszess wird vom Tierarzt geöffnet und geleert. Er wird anschließend durch Spülung gründlich gereinigt. Durch das Einbringen eines Antibiotikums wird die Entzündung eingedämmt. Der Eiter muss abfließen können, deshalb wird die Wundhöhle nicht ganz verschlossen. Durch die kleine Öffnung wird die Wundhöhle in den nächsten Tagen bis Wochen täglich gespült. Dies kann vom Halter selbst übernommen werden. Dafür werden eine Spritze mit Knopfkanüle und eine spezielle Spüllösung verwendet. Wichtig: Niemals die Kanüle selbst zum Aufziehen in die Spüllösung geben. Immer die Kanüle abziehen und die saubere Spritze befüllen, sonst wird die Spüllösung verunreinigt. Bei großen Abszessen ist die Gabe eines Antibiotikums sinnvoll. Hat das Meerschweinchen Schmerzen, wird ein Schmerzmittel verabreicht. Sehr große oder schlecht zu spülende Abszesse können auch operativ entfernt werden. Die Wundhöhle muss trotzdem gespült werden.

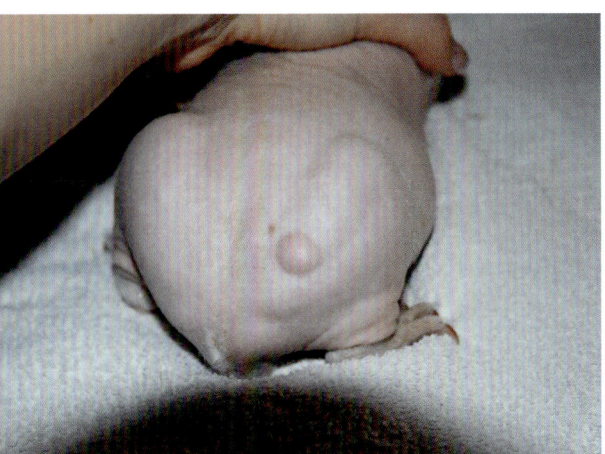

Ein noch unbehandeltes Atherom (Grützbeutel) bei einem Nacktmeerschweinchen.

Bei den vielen Rosetten ist eine Wucherung kaum zu sehen, es muss abgetastet werden.

Grützbeutel (Atherome)

Ursache Es handelt sich um mit Fett- und Hautzellen gefüllte, weiche Zysten, die durch verstopfte Talgdrüsen im Unterhautgewebe entstehen.

Behandlung Durch starken Druck entleeren sich die Atherome, mitunter müssen sie dazu auch mit einem Skalpell geöffnet werden. Sie enthalten eine häufig feste, sämige, meist weißlich-graue bis gelblich-grüne Masse und sollten regelmäßig entleert und gespült werden. Größere Atherome können Druckschmerz verursachen und werden operativ entfernt.

Fettgeschwulste (Lipome)

Ursache Lipome sind harmlose Wucherungen direkt unter der Haut im Hals-Schulterbereich oder am Rücken. Sie bestehen aus Fettgewebszellen und Bindegewebe und lassen sich leicht verschieben. Werden sie zu groß, können sie chirurgisch entfernt werden.

Liposarkome

Liposarkome sind bösartige (maligne) Tumore. Sie entstehen im Fettgewebe, meist direkt unter der Haut, sind dort gut zu ertasten, lassen sich aber nicht so leicht bewegen. Sie wachsen sehr schnell, enthalten gelblich schleimi-ge Substanzen und verursachen Schmerzen. Liposarkome müssen chirurgisch entfernt werden.

Adenome

Adenome sind knotige, gutartige Tumoren im Drüsengewebe. Gesäugetumore und Wucherungen an den Eierstöcken kommen häufiger vor. Eine Biopsie und ggf. die chirurgische Entfernung wird empfohlen.

Tumore

Unkontrolliertes Zellwachstum sorgt für die Bildung von Wucherungen im Körper, die durch Zellabspaltung zu Metastasen im Körper führen. Diese Tumore sorgen meist allein schon durch ihre Größe für Schmerzen, weil sie auf Organe drücken und Gewebe verdrängen. Wird ein Tumor rechtzeitig vollständig chirurgisch entfernt, kann die Bildung von Metastasen ggf. verhindert werden.

Atemwegserkrankungen

Ursachen Erkältungskrankheiten werden durch verschiedene Bakterien und Viren ausgelöst. Faktoren wie Stress, Fehlernährung,

Kälte, Nässe, Durchzug und Unsauberkeit begünstigen die Entstehung von Lungenerkrankungen.

Symptome Häufiges Niesen, pfeifende Atmung, feuchte oder verkrustete Nase, Augenausfluss, starke Flankenatmung, Atemnot, Futterverweigerung, Gewichtsverlust.

Behandlung Je früher die Behandlung mit einem geeigneten Antibiotikum beginnt, umso größer sind die Chancen für eine schnelle Heilung der Krankheit. Es wird unverzüglich ein Antibiotikum für 7–10 Tage verabreicht. Vor Beginn der Behandlung wird eine Probe entnommen, um den Krankheitserreger zu bestimmen. Schlägt das Antibiotikum nicht an, wird dann auf das speziell für diesen Erreger passende Medikament gewechselt. Es ist nicht sinnvoll, die Probe erst nach dem Beginn einer Antibiotikabehandlung zu entnehmen, da die Behandlung das Ergebnis verfälscht.

Erkrankungen der Harnwege

Ursachen Durch Keime verursachte Infektion der Blase oder Niere. Kalziumkristalle in der Blase (Blasenschlamm), Blasensteine, Kalziumablagerungen in der Niere. Ablagerungen entstehen häufig durch eine falsche Ernährung. Es muss allerdings für die Entstehung auch eine Veranlagung (Prädisposition) vorliegen. Häufig entstehen Schlämme und Steine als Folge von Harnröhrenentzündungen, da Kalziumkristalle nicht durch die geschwollene Harnröhre gelangen und sich in der Blase sammeln. Blasenentzündung kann eine direkte Folge davon sein.

Symptome Stärkeres Urinieren oder fehlendes Urinieren, Schmerzen beim Urinieren, das Meerschweinchen krümmt den Rücken und quiekt. Blut im Urin, weißer oder übel riechender Urin, druckempfindliche Blase/Niere. Grundsätzliche Schmerzzeichen wie tränende Augen, Zittern, Gewichtsabnahme und Aktivitätsverlust.

Diagnose Ein Röntgenbild zeigt Steinbildung in der Blase deutlich an. Infektionen werden mit einem Urinteststreifen nachgewiesen. Auch ein Tastbefund kann einen ersten Hinweis liefern.

Behandlung Infektionen der Blase oder Niere werden mit einem passenden Antibiotikum behandelt. Das erkrankte Meerschweinchen muss warm gehalten werden. Blasensteine gehen nur von selbst ab, wenn sie klein genug sind. Größere Steine werden operativ entfernt. Blasenschlamm und die Bildung von Kalziumoxalatsteinen werden durch eine Kalziumkonzentratfütterung begünstigt. Trockenfutter, vor allem Kräuterpellets, sollten nicht weitergegeben werden, um eine Neubildung der Steine zu verhindern. Struvitsteine entstehen häufiger als direkte Folge von Harnwegsinfektionen und bei einem zu hohen pH-Wert.

Wichtig bei allen Harnwegserkrankungen

Die Meerschweinchen benötigen sehr viel Flüssigkeit. Nur durch eine hohe Flüssigkeitsaufnahme werden Krankheitskeime und Kalzium aus den harnableitenden Wegen herausgespült. Eine Reduzierung von frischem Gemüse oder Wiesengrün ist nicht sinnvoll. Frische Kräuter und einige Gemüsesorten enthalten augenscheinlich viel Kalzium, da aber mit diesen Futtermitteln gleichzeitig Flüssigkeit aufgenommen wird, wird der Urin verdünnt und das Kalzium besser ausgeschieden. Nur getrocknete Produkte sollten durch frische Waren ersetzt werden. Wiese ist immer besser

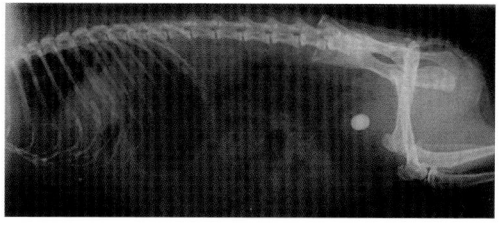

Auf dem Röntgenbild sieht man einen kirschkerngroßen Blasenstein bei einem Weibchen.

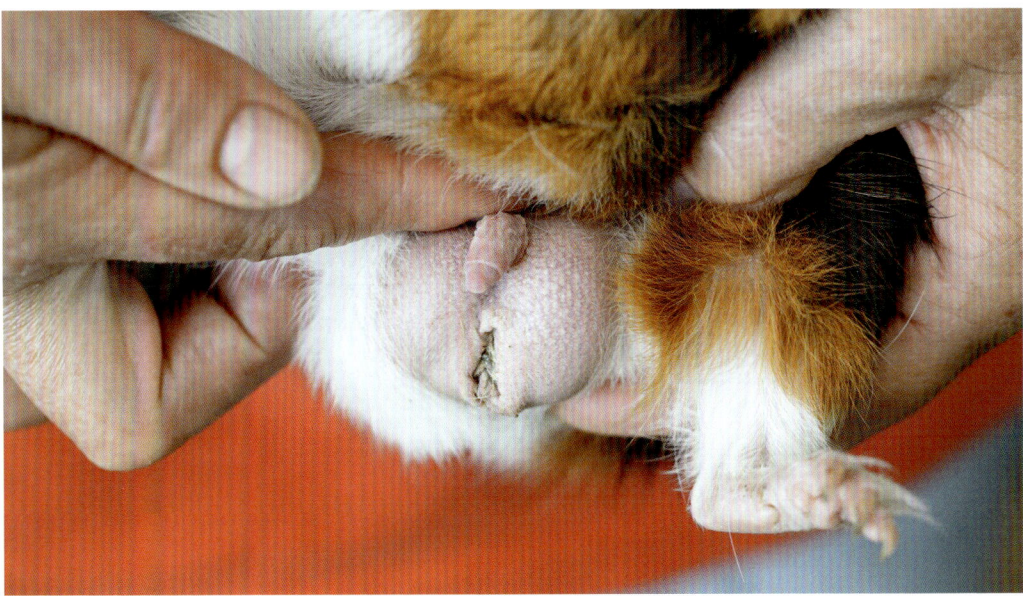

Eine regelmäßige Kontrolle des Genitalbereichs macht keinen Spaß, ist aber notwendig.

als trockenes Heu, frisches Gemüse ist immer sinnvoller als Trockengemüse. Kräutertees und frische Kräuter können harntreibend und somit ausschwemmend wirken. Frisch oder als Tee: Löwenzahn, Birkenblätter, Schafgarbe, Spitzwegerich und Kamille. Brennnessel nur als Tee.

Erkrankungen im Genitalbereich

Penisvorfall

Normalerweise ist der Penis des Böckchens nicht zu sehen. Er wird vollständig eingezogen und ist nur beim Geschlechtsakt oder wenn der Bock sich säubert zu sehen.

Ursachen Mitunter kommt es nach der Kastration zu einem Penisvorfall. Im Alter und bei stark übergewichtigen Tieren, die sich schlecht säubern können, kommt es auch durch starke Verschmutzung des Penis dazu, dass dieser nicht mehr eingefahren werden kann. Ältere Böcke haben mitunter dauerhaft Probleme beim Einfahren des besten Stücks.

Symptome Der Penis des Bockes hängt ständig oder nur zeitweise heraus und schleift über den Boden.

Behandlung Nach der Kastration wird der heraushängende Penis mit etwas Babyöl eingerieben und wieder zurückgeschoben. Dies muss manchmal über einen längeren Zeitraum mehrmals am Tag durchgeführt werden. Der mit Haaren, Kot, Smegma oder anderem verschmutzte Penis wird vorsichtig gesäubert. Dazu werden warmes Wasser oder auch Tücher mit Babyöl verwendet. Ist es nicht möglich, die Verschmutzungen leicht zu entfernen oder hat der Penis schon blutige Krusten und starke Verhärtungen, ist ein Tierarzt aufzusuchen. Der Penisschaft hat teilweise schrundige, weißlich aussehende Fortsätze, diese sind normal und dürfen nicht entfernt werden.

Gebärmuttererkrankungen

Beim Meerschweinweibchen kommt es vor allem im Alter häufiger zu Entzündungen (Endometritis), Tumoren in der Gebärmutter oder der Scheide sowie zu Zystenbildung an den Eierstöcken.

Symptome Erstes Anzeichen sind meist ein verklebter Genitalbereich, Scheidenausfluss in gelb bis rot, dieser kann auch unangenehm riechen. Zysten sind häufig an einem vermehrten Umfang im Bauchbereich zu sehen. Hormonell aktive Zysten führen zu Aggression, Gewichtsabnahme und Fellverlust am Bauch und an den Flanken. Im fortgeschrittenen Stadium kommt es zu Futterverweigerung, Inaktivität und Schmerzzeichen wie Augenausfluss und einer gekrümmten Haltung.

Hinweis Meerschweinchen haben keine Regelblutung, jede Blutung aus der Vagina ist ein Krankheitszeichen! Die einzige Ausnahme ist natürlich die Geburt, bei der es zu Blutungen kommt.

Diagnose Ein geübter Tierarzt kann Tumoren oder Zysten manchmal ertasten. Röntgen und Ultraschall können weitere Hinweise liefern. Durch eine Untersuchung des Ausflusses kann der Erreger der Infektion bestimmt werden.

Behandlung Infektionen der Gebärmutter werden mit einem Antibiotikum behandelt. Flüssigkeitsgefüllte Zysten können teilweise durch eine Punktion geleert und damit verklei-

nert werden. Hormonell aktive Zysten sprechen mitunter auf eine Hormonbehandlung an. In den meisten Fällen ist es allerdings nötig, Zysten und Tumore operativ zu entfernen.

Augenerkrankungen

Ursachen Infektionen, Reizungen durch staubige Einstreu, Rolllid, Fremdkörper im Auge, Verletzungen, Tumore oder Abszesse hinter den Augen. Bei den weißen Rändern um die Iris handelt es sich um Ossäre Choristie. Es ist nicht ganz geklärt, wie diese Verknöcherungen am Auge entstehen, sie sind meist bei älteren Tieren zu finden.

Symptome Milchig-wässriger Ausfluss, nasse oder verklebte, getrocknete Stellen im Fell um die Augen, angeschwollene, hervorquellende oder geschlossene Augen, gerötete Augenränder, Grauschleier im Auge. Weißliche Ränder um die Iris.

Behandlung Der Tierarzt wird das Auge reinigen, Fremdkörper entfernen und bei Verletzungen oder Infektionen antibiotische

Alter Meerschweinchenbock mit stark fortgeschrittenen Kalkablagerungen im Auge.

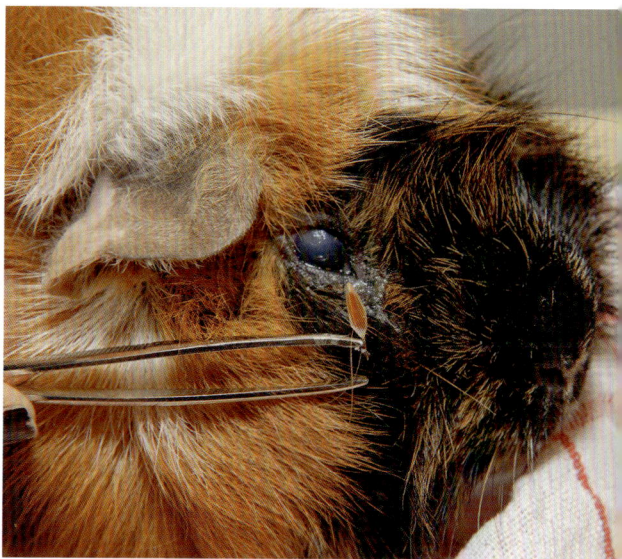

Hornhautverletzung, verursacht durch einen Fremdkörper im Auge.

Augentropfen verschreiben. Vitaminhaltige Augensalben unterstützen den Heilungsprozess. Stark staubende Einstreu, Heu oder Stroh sollten nicht weiter verwendet werden. Verwenden Sie zur Reinigung verklebter Augen keine Watte, diese fasert aus und reizt die Augen. Es werden weiche Kosmetiktücher verwendet. Kamillentee reizt die Augen und trocknet die Schleimhäute aus, auch andere Teearten sind nicht für die Reinigung von Augen geeignet, da sie reizende Schwebstoffe enthalten. Besser geeignet ist künstliche Tränenflüssigkeit oder lauwarmes Wasser.

Bewegungsapparat

Ursache Knochenbrüche, Quetschungen, Zerrungen, Verletzungen, Ballenabszess. Eine der häufigsten Ursachen für Verletzungen der Füße sind Leitern, Gitter, ungeeignete Heuraufen und Netze, in denen die Meerschweinchen stecken bleiben und sich beim Herauswinden die Füße verletzen. Brüche und Quetschungen entstehen häufig durch Fallenlassen oder zu starkes Zudrücken. Sind sehr hohe Etagen nicht gesichert, können sich die Tiere auch beim Fallen aus großen Höhen verletzen. Ballenabszesse entstehen häufig durch einen falschen Bodenuntergrund, scharfkantige Holzeinstreu oder Pellets, die nicht mit weichem Stroh oder Heu abgedeckt sind. Seltener kommt es zu Tumoren an den Gelenken. Sehr alte Meerschweinchen leiden auch unter degenerativen Gelenkserkrankungen, der sogenannten Arthrose.
Symptome Hinken, Füße nicht aufsetzen, Humpeln, Bewegungslosigkeit, Stress- und Schmerzanzeichen wie starke Flankenatmung, lautes Quieken oder Teilnahmslosigkeit.
Diagnose Ein Röntgenbild zeigt Brüche, Tumore oder auch Arthrose an. Häufig reicht allerdings schon die Sichtung und eine gründliche Untersuchung der Gliedmaßen, um eine Diagnose zu stellen.

Behandlung Leichte Schmerzmittel. Die Schmerzen sollen gelindert, aber nicht ganz genommen werden, damit die verletzten Gliedmaßen nicht gleich übermäßig belastet werden. Gebrochene Knochen können geschient werden. Entzündungshemmer werden bei Arthrose eingesetzt. Ballenabszesse werden regelmäßig gespült und verbunden.

Hitzeschlag

Ursachen Werden die Tiere bei großer Hitze ohne Schutz der Sonne ausgesetzt, überhitzen sie sehr schnell und trocknen aus. Sie überhitzen ebenfalls, wenn sie bei heißem Wetter im Auto auf dem Parkplatz in der Transportbox gelassen werden.
Symptome Zu Beginn vermehrte Flüssigkeitsaufnahme, dann Teilnahmslosigkeit, auf der Seite liegen, schnelle, flache Atmung, schneller, schwach fühlbarer Puls.
Behandlung Als erste Hilfe wickeln Sie das Meerschweinchen locker in ein leicht feuchtes Handtuch. Flößen Sie ihm Wasser ein und fahren Sie dann unverzüglich zu einem Tierarzt. Dieser wird dem Tier eine Infusion geben und kreislaufanregende Mittel verabreichen.

Stoffwechselerkrankungen

Diabetes
Ursachen Die Ursachen sind noch nicht vollständig geklärt. Werden sehr viele zuckerhaltige Nahrungsmittel verfüttert, kann dies Diabetes begünstigen. Eine genetische Disposition wäre ebenfalls möglich.
Symptome Vermehrtes Trinken, sehr hohe Futteraufnahme und Gewichtszunahme, vermehrtes Urinieren, Trübung der Augenlinse. Im Lauf der Zeit Gewichtsabnahme.
Diagnose Hyperglykämie über 250 mg/dl bei mehreren Blutzuckermessungen ist ein Hinweis.

Behandlung Stark zuckerhaltige Futtermittel wie Knabberstangen, Drops, Trockengemüse und auch Obst werden vom Speiseplan gestrichen. Im fortgeschrittenen Stadium ist eine Insulintherapie möglich.

Schilddrüsenfehlfunktion
Symptome bei Unterfunktion Haarausfall am Bauch, Gewichtszunahme, Zyklusstörungen, vermehrte Ruhephasen, Stressanzeichen wie Streit in der Gruppe, Herzbeschwerden, Verstopfung.
Symptome bei Überfunktion Reizbarkeit und Überaktivität, vermehrte Flüssigkeitsaufnahme verbunden mit erhöhter Urinmenge, Haarausfall am Bauch, Gewichtsabnahme bei gleichzeitig hoher Futteraufnahme, Zyklusstörungen.
Diagnose Blutuntersuchung.
Behandlung Therapie mit Hormonen über einen längeren Zeitraum. Allerdings ist das Einstellen auf die richtige Hormondosierung beim Meerschweinchen nicht ganz leicht. Es wird mit einer Minimalmenge angefangen, diese wird bei Bedarf langsam erhöht. Regelmäßige Blutuntersuchungen und der Allgemeinzustand zeigen, ob es wirkt.

Eine gesunde Ernährung mit viel Grünfutter kann Stoffwechselerkrankungen vorbeugen.

Tierarztbesuch und Krankenpflege

Der Tierarztbesuch ist für das Meerschweinchen und seinen Besitzer mit großem Stress
verbunden. Eine gute Vorbereitung hilft, den
Stress zu minimieren. Informieren Sie sich
schon bevor ein Tier erkrankt, wo im Ort
Tierärzte ansässig sind. Fragen Sie ruhig
nach, ob sie sich gut mit Meerschweinchen
auskennen.

Meerschweinchenspezialist

Erkundigen Sie sich in speziellen Meerschwein-
chenforen darüber, ob erfahrene Tierärzte in
Ihrer Nähe bekannt sind. Nicht alle Tierärzte
sind auf die Behandlung von Meerschweinchen spezialisiert. Hat der Tierarzt die Zusatz-
bezeichnung „Heimtiere", dann hat er eine
spezielle Ausbildung, um auch Meerschweinchen gut behandeln zu können.

Verwenden Sie für den Transport eine geeignete Transportbox (siehe Seite 62). Kranke
Tiere sollten möglichst einzeln in den Boxen
untergebracht werden, im Krankheitsfall stören die Artgenossen meist eher. Babys und
Mütter werden nicht getrennt.

Checkliste

Bereiten Sie sich auf das Gespräch beim Tierarzt vor. Überlegen Sie sich vorher, welche
Beobachtungen Sie gemacht haben, die Sie
ihm mitteilen wollen. Damit Sie nichts Wichtiges vergessen, schreiben Sie sich einen Zettel,
auf dem Sie folgende Dinge vermerken:
- Name, Alter und Gewicht des Tieres.
- Erkrankungen, die das Tier schon früher
  gehabt hat. Medikamente, die es bisher
  bekommen hat.
- Beobachtungen, die zum Tierarztbesuch
  führten. Hat sich das Tier anders benommen?
  Welche Krankheitszeichen haben Sie festgestellt? Wie lange besteht der Zustand schon?
- Eigene Medikations- und Heilungsversuche.
  Seien Sie in dem Punkt bitte ganz ehrlich.
  Auch wenn es Ihnen vielleicht unangenehm
  ist, weil Sie gemerkt haben, dass Sie einen
  Fehler gemacht haben – geben Sie das zu,
  damit der Arzt es bei seiner Medikamenten-
  gabe beachten kann.

Notieren Sie die Diagnose, Medikamentengaben und alle für Sie wichtigen Infos auf dem
Zettel, damit Sie nichts vergessen.

Diagnose

Nachdem das Tier untersucht wurde, stellt der Tierarzt eine Diagnose und beginnt mit der Behandlung. Manchmal passiert das alles sehr schnell oder der Tierarzt verwendet Bezeichnungen, die Ihnen nicht geläufig sind. Fragen Sie ruhig nach, wenn Sie etwas nicht verstanden haben, lassen Sie sich jede Diagnose genau erklären. Lassen Sie sich immer die Namen, die genauen Dosierungen und die Darreichungsform der verordneten Medikamente aufschreiben. Fragen Sie nach, wie und in welchem Zeitraum die Medikamente wirken sollen und wie die Krankheit weiter verlaufen kann, damit Sie darauf vorbereitet sind. Fragen Sie danach, welche Pflegemaßnahmen Sie noch ergreifen können und sollen. Frisst das Tier nicht, lassen Sie sich Päppelfutter (siehe rechte Spalte) mitgeben. Lassen Sie sich gleich den Termin für den nächsten Besuch geben und fragen Sie nach, wann Sie das Ergebnis von evtl. genommenen Proben bekommen. Erst wenn Sie die Diagnose verstanden haben, alle Medikamentengaben für Sie nachvollziehbar sind und Sie ganz genau wissen, wie das Tier weiterhin behandelt wird, sollten Sie die Praxis verlassen.

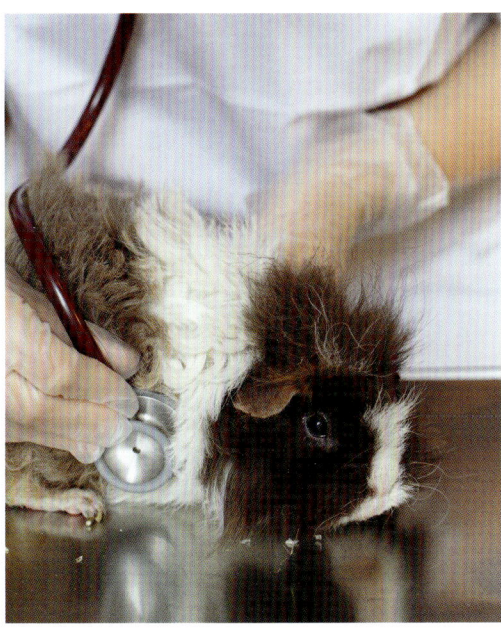

Das Abhören mit dem Stethoskop gehört zu jeder Untersuchung beim Tierarzt.

Päppelnahrung und Zwangsernährung

Wenn das Meerschweinchen während einer Krankheit die Nahrungsaufnahme verweigert oder zu wenig aufnimmt, muss es zur Nahrungsaufnahme animiert oder sogar zwangsernährt werden. Die Verdauung der Meerschweinchen ist so angelegt, dass schon ein Tag, an dem das Meerschweinchen nicht frisst, zu massiven Störungen führen kann. Ohne Nahrung bauen diese kleinen Tiere sehr schnell ab und verlieren Gewicht.

Lieblingsfutter Geben Sie kranken Meerschweinchen eine große Auswahl beliebter Futtermittel. Vor allem frische Kräuter wie Petersilie und Basilikum oder auch Löwenzahn und Gras werden meist auch dann noch gefressen, wenn Heu oder Gemüse schon lange nicht mehr beachtet werden. Bei Erkrankungen des Kiefers oder der Zähne ist es manchmal erforderlich, das Futter zu raspeln oder als Brei auf einem Teller anzubieten, damit das Meerschweinchen wieder frisst.

Päppelfutter Beim Tierarzt können Sie geeignete Päppelfuttermittel für Meerschweinchen bekommen, am häufigsten werden Rodi Care Akut, Critical Care oder Herbi Care Plus angeboten. Diese Futtermittel sind auf die Bedürfnisse kranker Meerschweinchen abgestimmt. Sie bestehen aus Trockenpulver und werden mit warmem Wasser angerührt. Sie können mit verschiedenen Gemüse- und Früchtebreien für Babys ab dem 4. Lebensmonat verdünnt werden, damit sie besser schmecken. Auch zerdrückte Bananen, Apfelmus und sogar etwas Haferschleim können beigemischt werden. Sind die Meerschweinchen diese Futtermittel allerdings nicht gewöhnt, muss auch damit langsam begonnen werden. Manche Tiere mögen den Brei lieber etwas fester, andere nehmen ihn fast flüssig auf. Der Brei kann auch mit verschiedenen Kräutertees angerührt werden. Probieren Sie verschiedene Varianten aus, um herauszufinden, wie ihr Meerschweinchen das Futtermittel möglichst freiwillig aufnimmt. Alle Breie werden immer frisch zubereitet und handwarm verfüttert.

Päppelspritzen Frisst das Meerschweinchen den Brei nicht freiwillig vom Teller, wird er mit einer nadellosen Spritze verabreicht. Gut geeignet sind Insulinspritzen, bei denen die Spitze abgeschnitten wird. Im Handel sind mittlerweile auch passende Päppelspritzen mit großer Öffnung zu bekommen. Normale Spritzen haben für die Breie eine zu kleine Öffnung, diese kann allerdings mit einem heißen Draht geweitet werden. Bereiten Sie mehrere dieser Spritzen vor, damit Sie diese nicht nachfüllen müssen, während Sie päppeln, denn dafür haben Sie keine Hand frei.

Futter verabreichen Setzen Sie das Tier zum Päppeln am besten auf Ihren Schoß oder auf den Tisch. Ich setze die Tiere dazu in einen Kuschelsack, in dem sie sich sicher fühlen,

aber auch nicht wegkönnen. Die kleinen Wesen wehren sich trotz Krankheit teilweise sehr gegen das Päppeln, vor allem wenn sie es nicht kennen. Behalten Sie das Meerschweinchen unbedingt in einer natürlichen, waagerechten Lage. Es darf auf keinen Fall senkrecht gehalten oder gar auf den Rücken gelegt werden. Dabei kann es sich verschlucken und das kann lebensgefährlich sein. Halten Sie nun vorsichtig den Kopf fest und schieben Sie die Päppelspritze von der Seite hinter die Schneidezähne. Geben Sie immer nur einen Schluck Brei (0,5 ml) in das Maul und lassen Sie dem Tier Zeit, diesen zu kauen und zu schlucken. Füttern Sie immer sehr langsam und mit viel Ruhe, damit das Tier gut atmen und auch gut kauen kann und nicht zu sehr durch diese Zwangssituation gestresst wird. Pro Tag sollte etwa 4- bis 6-mal gefüttert werden. Insgesamt wird dabei etwa 1/20 des Körpergewichts an Futter gegeben. Bei einem 1 kg schweren Meerschweinchen wären das etwa 50 g fertig zubereiteter Brei, was etwa 50 ml entspricht. Im größten Notfall reicht die Hälfte zum Überleben, allerdings nur wenige Tage.

Gewichtskontrolle Kontrollieren Sie ständig das Gewicht des Meerschweinchens, wenn es

Zwangsernährung ist für Mensch und Tier anstrengend, aber leider manchmal nötig.

Diese kleine Dame frisst ihren Päppelbrei schon freiwillig aus der Spritze.

an Gewicht verliert, reicht die Nahrungsmenge nicht. Im Normalfall muss nur wenige Tage gepäppelt werden, häufig reicht nach einer Operation oder einem anderen traumatischen Erlebnis auch eine solche Mahlzeit, um das Tier wieder zum Fressen zu animieren.

Wärme

Kranke Meerschweinchen kühlen schnell aus. Deshalb ist es wichtig, ihnen warme Plätze anzubieten, damit sie die Körperwärme halten können. Sehr gut geeignet sind dafür spezielle Wärmekissen, die in der Mikrowelle erwärmt werden und die Wärme über viele Stunden halten. Diese sind beim Tierarzt und im Zoofachhandel zu bekommen. Auch handwarme Wärmflaschen mit Wasser oder Moorfüllung sind geeignet. Achten Sie darauf, dass die Wärmequellen nicht angenagt werden können, normalerweise reicht es, sie in ein Handtuch zu wickeln, um das zu verhindern. Kuschelsäcke sowohl mit als auch ohne Wärmequelle darunter bieten dem Meerschweinchen die Möglichkeit, selbst zu entscheiden, wo es liegen möchte.

Inhalation

Bei Atemwegserkrankungen können Inhalationen die Symptome lindern. Aufgüsse aus Kamille, Thymian, Fenchel oder Lindenblüten können helfen, den Schleim besser zu lösen, wirken aber bei einer Daueranwendung austrocknend auf die Schleimhäute. Zur Inhalation wird das Meerschweinchen in einen kleinen Käfig gesetzt. In diesem müssen sich Futtermittel, ein Heuberg und möglichst auch ein Versteck in Form einer Kuschelrolle befinden. Der Käfig wird teilweise abgedeckt und das Inhalat wird neben den Käfig gestellt, sodass die Dämpfe hineinziehen können. Mehr als 10 Minuten sollte nicht inhaliert werden.

Bei jeder Erkrankung ist es ganz besonders wichtig, die Tiere warm zu halten.

Medikamente verabreichen

Selten nehmen Meerschweinchen die verordneten Medikamente freiwillig ein. Aber es gibt ein paar kleine Tricks, die es leichter machen. Testen Sie erst einmal aus, was ihr Meerschweinchen freiwillig vom Löffel frisst. Diese Tests können auch schon vor der Erkrankung bei allen gesunden Meerschweinchen durchgeführt werden, so bekommen die Leckermäulchen einmal die Woche ein Extra.

Früchtemus, Päppelbrei, Gemüsebrei oder Gurkensaft werden gern genommen. Alle nicht magensaftresistenten Tabletten werden zu Pulver zermahlen. Dies lässt sich leicht bewerkstelligen, indem sie zwischen zwei Löffeln zerquetscht oder gemörsert werden. Dann werden die Tabletten, Tropfen oder Pasten unter den Brei gemischt und mit dem Löffel angeboten. Nun werden einige Meerschweinchen das eben noch für toll befundene Mus ablehnen, um Sie gewaltig zu ärgern. Der Brei wird dann in eine Päppelspritze gezogen und wie Päppelbrei verabreicht (siehe Seite 169). Sie können auch Medikamente in Kräuter- oder Salatblätter wickeln oder auf Erbsenflocken tropfen. Jeder Trick ist erlaubt. Nehmen die

Tiere nichts freiwillig, dann werden Tropfen oder mit Wasser vermischtes Tablettenpulver mit einer Päppelspritze direkt eingegeben, hinterher sollte mit Wasser, Tee oder Päppelbrei nachgespült werden, damit das Medikament auch wirklich geschluckt wird.

Wenn Salben oder Tropfen auf die Haut aufgetragen werden müssen, dann lenken Sie das Meerschweinchen hinterher ab, damit es diese nicht sofort ableckt. Am besten klappt die Ablenkung natürlich mit einem Berg Lieblingsfutter, kaum ein Schweinchen findet Körperpflege wichtiger als Löwenzahn. Manche Meerschweinchen lassen sich auch mit Futterspielen (siehe Seite 105) oder Auslauf ablenken.

Wichtig!

Bekommen Sie vom Tierarzt ein Medikament zur oralen Eingabe oder als Spot on für mehrere Tage in einer Tube oder auf eine Spritze aufgezogen, dann verabreichen Sie auf keinen Fall das Medikament direkt aus dieser Spritze oder Tube! Manchmal rutscht der Stempel der Spritze aus und schon landet viel zu viel im Maul oder auf dem Tier. Lassen Sie sich immer eine zweite Spritze mitgeben, mit der Sie die benötigte Menge des Medikaments aufziehen, bevor Sie es verabreichen.

Quarantäne

Kranke Tiere müssen nicht generell in Quarantäne. Sie geben sich schnell auf, wenn sie von der Gruppe getrennt wurden. Nur direkt nach Operationen bis zum völligen Aufwachen sollten die Meerschweinchen ihre Ruhe haben dürfen, oder wenn sie selbst deutlich zeigen, dass ihnen das Gruppenleben zu viel wird. Bei großer Ansteckungsgefahr kann ein Tier zusammen mit einem ihm nahestehenden Meerschweinchen separiert werden, aber allein sollten Sie das Tier nicht halten. Die Heilungschancen sinken dann sehr. Manche kranke Meerschweinchen fangen erst wieder an zu fressen, wenn sie sich in der Gruppe um das Futter streiten können.

Eine Quarantäne ist bei den meisten Krankheiten nicht nötig, die Tiere bleiben in der Gruppe.

Operationsvor- und Nachsorge

Manchmal sind Operationen nötig. Wenn Sie keinen Urlaub bekommen, legen Sie den OP-Termin so, dass Sie zumindest das Wochenende danach Zeit für die Pflege haben. Erkundigen Sie sich vorher, welcher Tierarzt am Wochenende Notdienst hat, und legen Sie einen Zettel mit allen Medikamentennamen, bisherigen Behandlungen und dem Krankheitsverlauf bereit, damit Sie im Notfall alles gleich zur Hand haben.

Vor der OP

Meerschweinchen dürfen auf keinen Fall vor der OP ausgenüchtert werden, das wäre sehr gesundheitsschädlich. Allerdings können einige Futtermittel für Probleme sorgen. Kohl und andere stark gärende Futtermittel sollten in den Tagen vor der OP nicht verfüttert werden. Grünfutter und Heu wird ganz normal weitergefüttert und sollte auch im Transporter auf dem Weg zur OP nicht fehlen. Stellen Sie, wenn möglich, einen zweiten Transporter be-

Bei Krankheit bietet die Gruppe Sicherheit.

reit, in dem das frisch operierte Tier untergebracht wird. Dieser wird mit einem Handtuch ausgelegt. Ein handwarmes Wärmekissen sollte sich darunter befinden, ein Kuschelsack, in dem das Tier warm und sicher aufwachen kann, wäre ebenfalls wünschenswert. Ist kein Kuschelsack vorhanden, tut es auch eine Leinentasche, deren Henkel abgeschnitten werden und die vorne einige Male umgekrempelt wird. In diesem Transporter wird nur sehr wenig Futter ausgelegt, nur ein paar leckere Kräuter und ein paar Heuhalme, damit es gut duftet, denn die Nase ist einer der ersten Sinne, die erwachen, und leckeres Futter weckt die Lebensgeister.

Nach der OP

Nehmen Sie das Meerschweinchen erst wieder mit nach Hause, wenn es ganz aus der Narkose erwacht ist. Lagern Sie es in einem Kuschelsack und bieten Sie ein Wärmekissen an. Die Meerschweinchen dürfen nicht gezwungen werden, die Wärme anzunehmen, sie könnten sonst überhitzen. Achten Sie unbedingt darauf, dass es auf dem Kissen nicht zu warm wird.

Sobald das Meerschweinchen ganz wach ist, sollte es wieder vorsichtig ans Futter gehen. Wenn es nicht von selbst frisst, reicht es häufig aus, ihm etwas Päppelbrei (siehe Seite 169) zu verabreichen, um den Appetit anzuregen. Danach sollte es wieder auf den Geschmack gekommen sein.

Wenn das Meerschweinchen die Wunden aufnagt oder die Fäden zieht, dann ist das ein großes Problem. Halskrausen verhindern die Aufnahme des Blinddarmkots und behindern die Meerschweinchen zu stark bei der Futteraufnahme, die nach einer OP ohnehin meist nur stark eingeschränkt stattfindet. Spezielle Schutzanzüge sind mittlerweile im Handel zu bekommen, die zumindest bei Nähten am Bauch verhindern können, dass die Tiere daran nagen. Auch Baumwollsocken, in die vier Löcher für die Beinchen geschnitten werden,

Kastration

Eine Frühkastration ab einem Gewicht von 200 g bis etwa 250 g und einem Alter von etwa 3 Wochen ist bei allen Böcken, die in der Gruppe aufwachsen sollen, ratsam. Dann können die Böcke direkt nach der Kastration wieder zurück in die Gruppe. Grundsätzlich können Böcke in jedem Alter kastriert werden. Nach der Narkose wird der Hodensack desinfiziert, es werden kleine Schnitte angesetzt, durch welche die Hoden entfernt werden. Die Samenleiter werden mit selbstauflösenden Fäden abgebunden. Die Wunden werden entweder mit selbstauflösenden Fäden vernäht oder verklebt. Danach wird der Bock bis zum völligen Aufwachen auf Tüchern gehalten. Die Wunden werden täglich kontrolliert. Werden Fäden verwendet, die nach 10 Tagen gezogen werden müssen, ist dabei auf absolute Sauberkeit zu achten. Vor dem Fädenziehen muss desinfiziert werden, sonst gelangen Bakterien durch die verschmutzten Fäden in die Wunde, was zu Abszessen führen kann. Böcke, die vor der Kastration zeugungsfähig waren, sind es hinterher immer noch für eine gewisse Zeit, da sie im Samenleiter befruchtungsfähige Samen speichern können. Deshalb sollte der Bock sicherheitshalber erst nach etwa sechs Wochen zu den Weibchen ziehen.

könnten übergezogen werden, aber die meisten Schweinchen winden sich da schnell heraus. Manchmal reicht es auch, die Wunde mit einem Pflaster (nur vom Tierarzt) zu verschließen. Wurde die OP-Narbe vom Tier stark beschädigt, ist sie blutig, entzündet, dick, fühlt sich warm an oder zeigt weitere Auffälligkeiten, ist unverzüglich ein Tierarzt aufzusuchen.

Der letzte Schritt

Irgendwann verlassen uns die geliebten Heimtiere. Dies kann auf verschiedene Weise geschehen. Manchmal versterben sie überraschend und werden tot im Gehege gefunden. Für das Tier ist ein schneller Tod sicher der einfachste Weg, uns Halter lässt er oft mit vielen Fragen und Zweifeln zurück. Aber manchmal ist der Lauf der Dinge auch bei bester Pflege und bei allen Vorsorgemaßnahmen nicht zu verhindern.

Wenn ein Meerschweinchen allerdings sehr lange krank ist, die Futteraufnahme über einen langen Zeitraum nicht mehr freiwillig stattfindet, es unter starken Schmerzen leidet und eine unheilbare Krankheit hat, dann müssen wir der Natur nachhelfen. Unsere Heimtiere werden von uns so gut versorgt, kranke Tiere werden gepäppelt und bekommen Medikamente, dass sie nicht mehr einfach sterben

So traurig es ist: Irgendwann werden uns all unsere Meerschweinchen verlassen.

können. Sie aber lange leiden zu lassen, nur weil wir nicht loslassen können, wäre natürlich genauso falsch, wie ihnen kein Futter oder Wasser mehr einzuflößen oder Schmerzmittel abzusetzen. Gemeinsam mit dem Tierarzt wird in so einem Fall die Entscheidung getroffen, das Leiden zu beenden und das Tier gehen zu lassen. Das kranke Tier bekommt eine Narkose und schläft sanft ein und Sie können in Ruhe Abschied nehmen. Häufig reicht die starke Narkose aus und das Meerschweinchen verlässt uns. Ist das nicht der Fall, folgt die erlösende Spritze, davon bekommt das kleine Wesen nichts mehr mit.

Danach steht der liebende Tierhalter vor vielen kleinen Problemen. Vor allem muss er entscheiden, was mit dem verstorbenen Freund geschehen soll. Es ist möglich, das Tier beim Tierarzt zu belassen. Es wird dann mit allem organischen Material aus der Praxis durch ein Entsorgungsunternehmen verbrannt. Es ist ebenfalls möglich, es zu begraben. Wenn Sie keinen eigenen Garten haben, erkundigen Sie sich bei der Stadtverwaltung, wo Sie Ihr Tier beerdigen können. In wenigen Städten gibt es Tierfriedhöfe oder Krematorien, die Ihnen einen würdigen Abschied ermöglichen.

Zurück bleiben aber nicht nur traurige Halter, sondern oft auch verlassene Meerschweinchenfreunde. Selbst wenn Sie mit der Meerschweinchenhaltung aufhören wollen, möchten die Tiere nicht allein bleiben. Suchen Sie für einzelne Meerschweinchen ein neues Zuhause in der Gruppe oder gönnen Sie ihnen bald einen neuen Schweinefreund.

Kritische Gedanken vorab

Kleine Meerschweinchenbabys, die auf kurzen Beinchen durch große Heuberge tapsen und einen mit riesigen Augen anschauen, lassen einen dahinschmelzen. Jeden Meerschweinchenhalter überkommt irgendwann das Bedürfnis, solche kleine „Ableger" seiner geliebten Meerschweinchen haben zu wollen, und das ist absolut verständlich.

Eins, zwei drei – viel zu viele?

Vorab sollte man allerdings bedenken, dass die Babys mit drei bis vier Wochen selbst geschlechtsreif werden und getrennt werden müssen, sonst gerät die Vermehrung schnell außer Kontrolle. Kastrationen kosten viel Geld, Schwangerschaftsprobleme können teure Tierarztrechnungen nach sich ziehen, und ein gutes Zuhause für die Jungen zu finden, ist nicht immer ganz leicht.

Ohne umfassendes Wissen über Meerschweinchen allgemein, die genetischen Besonderheiten der einzelnen Rassen, sehr viel Zeit und Geld sollte von der Vermehrung von Meerschweinchen besser abgesehen werden.

Die kleinen Wesen bringen zwar viel Freude, sind aber nach sehr kurzer Zeit große Wesen, die viele Ansprüche stellen, die auch erfüllt werden müssen.

Zuchtvoraussetzungen

Nur wer schon mindestens ein Jahr lang verschiedene Meerschweinchengruppen gepflegt hat, kann wirklich beurteilen, ob er bereit ist, über viele Jahre hinweg täglich zahlreiche Meerschweinchen zu versorgen. Jede Zucht kostet sehr viel Geld und Zeit. Schon die Anschaffungskosten für die Gehegeanlage und das Zubehör verschlingen einige hundert Euro. Futter-, Einstreu- und Tierarztkosten haben schon den ein oder anderen Halter an die Grenzen des Machbaren gebracht. Man muss sich darüber im Klaren sein, dass man die Jungtiere abgeben muss. Diese entsprechen häufig nicht dem Zuchtziel und müssen trotzdem in gute Hände vermittelt werden, was nicht immer leicht ist. Zudem ist der Frustfaktor nicht zu unterschätzen, denn sein Zuchtziel zu erreichen, ist nicht immer möglich.

Auswahl und Haltung der Zuchttiere

Hat man sich für die Zucht einer bestimmten Rasse (siehe Seite 15) entschieden, wird das Zuchtziel definiert. Welche Ergebnisse soll die Zucht bringen? Möchte man bestimmte Rassestandards weiterentwickeln, steht die Gesundheit der Tiere im Vordergrund, sollen langlebige Tiere erzielt oder die soziale Kompetenz erhöht werden? Nach diesen Kriterien müssen die Zuchttiere sehr gewissenhaft ausgesucht werden. Nehmen Sie sich viel Zeit, die Eltern der Zuchttiere zu begutachten. Fragen Sie nach, ob der Züchter Ihnen Auskunft über Gesundheitskontrollen und Lebenserwartung seiner Tiere geben kann. Im Idealfall sind die letzten drei Generationen der Zuchtlinie bekannt und dokumentiert. Fremde Tiere können die Gene anderer Rassen oder krankmachende Faktoren in sich tragen.

Selbstverständlich werden ausschließlich gesunde Tiere zur Zucht eingesetzt. Es sollten keine Krankheiten vorangegangen sein. Auch Meerschweinchen, die häufiger unter Parasiten leiden oder nur kleinere gesundheitliche Probleme haben, werden von der Zucht ausgeschlossen.

Gruppenaufbau

Früher war es üblich, einen Bock abwechselnd zu den zu deckenden Weibchen zu setzen, und wenn er erfolgreich war, wurde er zurück in die Bockgruppe oder zum nächsten Weibchen gesetzt. Seit wir aber dank Professor Sachsers Studien wissen, wie sehr Böcke darunter leiden, wenn sie keine geregelten Gruppenstrukturen haben, und dass sie ein Hauptweibchen brauchen, um sich sicher und wohlzufühlen, ist diese Vorgehensweise nicht mehr als tiergerecht anzusehen.

Es wäre optimal, wenn die Meerschweinchen dauerhaft in festen Gruppen mit einem Deckbock und zwei oder drei Weibchen zusammenleben könnten. Hier werden keine Deckpausen eingehalten und die Jungtiere bleiben so lange wie möglich bei der Gruppe. So eine Gruppe benötigt ein Gehege von mindestens 4 m², in dem es für jedes Weibchen eine sichere Wurfecke gibt. Eine Trächtigkeit und Aufzucht während der heißen Sommermonate oder im kalten Winter bei Außenhaltung ist für die Meerschweinchen extrem anstrengend. Deshalb sollten die Zuchttiere in Räumen mit gemäßigten Temperaturen untergebracht werden. Spätestens nach drei Wür-

Weiße Tiere könnten verschiedene Lethalfaktoren in sich tragen.

Die Haltung von nur zwei Tieren zusammen zur Zucht ist nicht mehr zeitgemäß.

Diese beiden Jungtiere müssen noch viel fressen und wachsen, bis sie große Schweinchen sind.

fen pro Weibchen wird der Bock kastriert und die ganze Gruppe wird in die Heimtierhaltung abgegeben. Leider ist dies die Ausnahme. Bei den meisten Züchtern leben die Weibchen in Gruppen mit ihren Jungtieren und die Böcke in einer Gruppe mit den Jungböcken. Die Tiere, die zur Zucht vorgesehen sind, werden als Zweiergruppe in ein Gehege gesetzt, wo dann der Deckakt stattfindet. Dies hat natürlich den Vorteil, dass mit dem Weibchen Zuchtpausen eingehalten werden können, in denen es sich von der anstrengenden Jungenaufzucht erholen kann. Allerdings fehlt den Tieren die kontinuierliche Sicherheit ihrer Gruppe.

Zuchtreife

Beim ersten Wurf sollte das Weibchen nicht älter als 1 Jahr sein, dann ist das Wachstum beim Weibchen beendet und von da an verknöchert das Becken. Eine zu späte Trächtigkeit führt evtl. zu Fehlgeburten und anderen Problemen aufgrund des zu engen und unelastischen Beckens. Die Meerschweinchenmutter sollte nicht jünger als 6 Monate sein, um Wachstumsstörungen bei ihr auszuschließen. Die Zuchtreife des Weibchens hängt von verschiedenen Faktoren ab (Größe, Gewicht, Rasse). Im Schnitt sind Weibchen zwischen dem 6. und 8. Monat zuchtreif. Böcke sind mit etwa 3 bis 5 Monaten so weit, dass sie eigene Familien gründen können.

Problematische Rassen

Es gibt einige Rassen, die Krankheiten vererben können oder deren körperliche Veränderungen für die Tiere so negativ sind, dass eine Zucht unter ethischen Gesichtspunkten nicht zu vertreten ist.

Satinmeerschweinchen Das Haar dieser Meerschweinchen ist hohl und hat dadurch einen stark glänzenden Effekt. Gekoppelt an das Gen, das diese Besonderheit des Felles hervorbringt, ist häufig eine Stoffwechselerkrankung der Knochen, die Osteodystrophie (kurz OD). Bei der OD wird den Knochen Kalzium entzogen, sie werden abgebaut, sind brüchig und unelastisch. Die leider früh auftretenden Symptome sind häufig Kiefergelenksprobleme und ein geschädigter Bewegungsapparat. Meerschweinchen mit OD werden selten älter als zwei Jahre.

Dalmatiner- und Schimmelmeerschweinchen Diese haben einen meist schwarz gescheckten Körper und eine dunkle Maske. Sie tragen einen sogenannten Letalfaktor in sich. Dieser kann bei der Verpaarung zu Missbildungen oder zum Tod der Nachkommen führen. Oft erkennt man den Dalmatineranteil bei weißen Tieren nicht.

Skinnys und Baldwins sind Nacktmeerschweinchen. Während Skinnys schon nackt auf die Welt kommen, sorgt ein Gendefekt bei Baldwins dafür, dass das Fell ausfällt. Skinnys verfügen häufig noch über ein wenig Körperbehaarung und verkümmerte Vibrissen im Gesicht. Das Meerschweinchenfell ist ein elementarer Bestandteil des Tieres. Es schützt vor Kälte, Sonne und Verletzungen. Meerschweinchen ohne Fell haben einen so hohen Energiebedarf, dass eine Fütterung ohne Kraftfutter häufig nicht möglich ist. Sie frieren schnell und müssen immer bei konstanten Temperaturen gehalten werden. Sie können sich an Einrichtungsgegenständen, Ästen, grobem Heu oder Stroh verletzen. Verletzungen beim Rangkampf sind nicht selten.

Cuys Diese Riesenmeerschweinchen sind sehr nervös und haben eine geringe Lebenserwartung. Viele Züchter haben Cuys mittlerweile mit normalen Meerschweinchen gekreuzt, um die negativen Eigenschaften herauszuzüchten. Da viele dieser Mischlinge in den Handel kamen und weiter verpaart wurden, gibt es mittlerweile viele Tiere, die einen kleinen Anteil Cuy in sich tragen. Sie werden größer und schwerer als normale Meerschweinchen und bringen um die 400 g mehr auf die Waage. Sie sind oft nervöser und haben meistens eine geringere Lebenserwartung.

Langhaartiere Grundsätzlich sind alle Langhaartiere problematisch. Sie leiden im Sommer unter der dichten Wolle, das Fell verfilzt und die Meerschweinchen können sich nicht selbst sauber halten. Sie benötigen eine intensive Pflege durch den Menschen, die sie allerdings als sehr unangenehm empfinden.

Rexmeerschweinchen Diese Rasse zeichnet sich durch gelocktes Fell aus. Die Tiere haben auch gekräuselte Tasthaare, sodass diese ihre Funktion nicht mehr erfüllen. Die ebenfalls gelockten Wimpern führen oft zu dauerhaften Augenreizungen bis hin zur Erblindung.

Cuymischlinge sind groß und manchmal krank.

Langhaarige Tiere brauchen viel Pflege.

Paarung, Trächtigkeit und Geburt

Die Fortpflanzung ist ein natürlicher, aber dennoch kraftzehrender und auch gefährlicher Vorgang. Die Meerschweinchen benötigen dabei üblicherweise nur wenig Hilfe von ihrem Halter. Wenn sie hochwertiges Futter bekommen, genügend Platz und keinen Stress haben und die Partner zusammenpassen, dann sind Komplikationen selten.

Geschlechtsbestimmung

Böcke können sowohl den Penis als auch den Hoden einziehen. Vor allem Jungböcke sind daher auf den ersten Blick kaum von den Weibchen zu unterscheiden. Bei älteren Böcken fällt die Unterscheidung leichter, der Hoden ist ausgeprägter und die Penisöffnung ist größer. Es ist beim Draufschauen ein deutliches i zu erkennen, also eine runde Penisöffnung, deren Form an einen Donut erinnert, und darunter ein Spalt mit der perinealen Tasche. Wird oben über der Penisöffnung vorsichtig auf den Bauch gedrückt mit einer leicht streichenden Bewegung in Richtung Geschlecht, tritt der Penis hervor.

Weibchen Bei ihnen ist ein deutliches Y zu erkennen, in diesem sitzt oben die längliche Harnröhrenöffnung und der Spalt, der die perineale Tasche kennzeichnet, ist viel kürzer. Beide Geschlechter verfügen über Zitzen. Diese sind kein Unterscheidungsmerkmal, allerdings sind sie bei Weibchen, die schon gesäugt haben, deutlich größer als bei Männchen.

Paarung

Etwa alle 14–18 Tage sind Meerschweinchenweibchen für 8–12 Stunden aufnahmebereit, sie können nur in dieser Zeit erfolgreich gedeckt werden. Sie sind in der Zeit unruhig, brommseln, reiten auf, zeigen ihren Po und quieken. Der Bock wird im Idealfall das für ihn gut duftende Weibchen umgarnen und sie besteigen. Der Deckakt geht sehr schnell, findet aber dafür häufiger statt. Über einen Zeitraum von mehreren Stunden wird gejagt, aufgeritten und dann wieder pausiert.

Hinweis: Das Meerschweinchenweibchen kann wenige Stunden nach der Geburt, Früh- oder Fehlgeburt wieder gedeckt werden.

Deshalb ist unbedingt darauf zu achten, den zeugungsfähigen Bock aus dem Gehege zu nehmen, ansonsten ist der nächste Wurf so gut wie sicher!

Trächtigkeit

Ob der Deckakt erfolgreich war, ist in den ersten Wochen kaum festzustellen. Erst ab der 6. Woche können die Jungtiere bei größeren Würfen vorsichtig ertastet werden. Bei kleinen Würfen ist dies zum Teil später möglich oder bleibt ganz unentdeckt. Üblicherweise nimmt das Weibchen während der Trächtigkeit an Gewicht zu und wird wesentlich dicker. Sind es viele Junge, werden die Weibchen oft so beängstigend dick, dass man sich fragt, wie sie sich überhaupt noch bewegen können. Gegen Ende der Trächtigkeit kann man bei großen Würfen die Bewegung der sehr aktiven Babys im Bauch deutlich sehen.

Die Tragzeit beträgt je nach Anzahl der Jungen, Gesundheitszustand des Weibchens und auch nach Erfahrung des Weibchens zwischen 63 bis 72 Tage, normalerweise sind es etwa 68 Tage. In der Zeit hat das Weibchen einen erhöhten Energiebedarf. Sie braucht mehr Proteine, Kohlenhydrate und auch eine gesteigerte Vitamin-C-Zufuhr ist wichtig. Viel Grünfutter, Sonnenblumenkerne, Knollengemüse und proteinreiche Kräuter dürfen bei der Ernährung nicht fehlen. Nach Anweisung des Tierarztes können auch Kraftfutter in geringen Mengen oder Vitaminpräparate verabreicht werden.

Stress Während der Trächtigkeit sollte Stress unbedingt vermieden werden. Stehen die Weibchen unter großem Stress, könnte es sogar zu Früh- oder Fehlgeburten kommen. Weibchen, deren Mütter in der Trächtigkeit großem Stress ausgesetzt waren, bilden später mehr männliche Hormone aus und werden aggressiver, Böcke hingegen werden passiver. Deshalb sollte ein Umzug, ein Gehegewechsel und vor allem eine neue Gruppenzusammensetzung während der Trächtigkeit nach Möglichkeit vermieden werden.

Vorsichtig hochheben Beim wöchentlichen Gesundheitscheck werden trächtige Weibchen sehr vorsichtig hochgenommen. Eine Hand fasst unter die Brust und fixiert die Vorderfüße, die andere greift von hinten nach und stützt die Hinterbeine und nicht den Bauch.

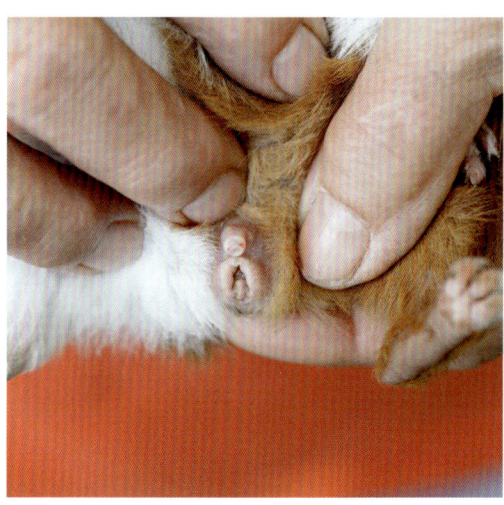

Ein sehr junger Bock mit noch nicht voll entwickelten Hoden.

Ein junges Weibchen, die Ypsilonform ist sehr gut zu erkennen.

Die Geburt

In der Gruppe Meerschweinchen bauen keine Nester. Sie suchen sich für die Geburt normalerweise eine ruhige und sichere Ecke im Gehege. Manche Weibchen gebären allerdings dort, wo sie gerade sind. Die ganze Gruppe darf und sollte dabeibleiben. Im Idealfall helfen sie dem Weibchen, die Jungen trocken zu lecken, im Normalfall schauen sie nur zu oder ignorieren die Situation einfach. Es stimmt nicht, dass Böcke die Jungen verletzen oder gar töten. So etwas passiert nur in winzigen Käfigen mit kleinen Häusern, wenn die Jungen unter die schweren Tiere geraten und keine Chance zum Ausweichen haben. Also dürfen die Kastraten gern auch dabeibleiben.

Geburt Die bevorstehende Geburt kündigt sich nicht an. Nur bei genauer Untersuchung ist festzustellen, dass sich die Schambeinfuge öffnet und vor der Geburt gut 2 cm auseinanderklafft. Das Weibchen hockt sich hin und bringt die Jungen im Sitzen zur Welt. Dabei quiekt sie schon mal oder wirkt etwas gestresst. Sie zeigen keine sichtbaren Wehen oder Krämpfe. Wenn das Weibchen schreit, auf der Seite liegt, Krämpfe hat, sich nicht bewegt oder weitere schwere Anzeichen von Schmerzen zeigt, dann muss ihr geholfen werden. Suchen Sie mit ihr unverzüglich einen Tierarzt auf.

Es können ein bis sechs Jungen geboren werden. Die einzelnen Jungen werden von der Eihaut befreit, kurz geputzt und dann sich selbst überlassen, während die Mutter das nächste Junge in Empfang nimmt. Manche Jungen putzen sich ungelenk weiter trocken. Nach der Geburt kuschelt sich die kleine Familie zusammen und die Jungen werden von der Mutter weiter geputzt, gewärmt und gesäugt.

Nestflüchter Schon wenige Stunden nach der Geburt fangen die Jungen an, die Umgebung und Artgenossen zu erkunden. Denn Meerschweinchen sind sogenannte „Nestflüchter".

Sie kommen komplett entwickelt auf die Welt. Schon zwei Wochen vor der Geburt haben sie Fell, öffnen ihre Augen und bekommen ihre Schneidezähne. Sie benötigen wenig Pflege durch die Mutter und werden nur zwei bis vier Wochen gesäugt. Zum Säugen setzt sich die Mutter hin und lässt die Jungen in Ruhe trinken. Sie leckt sie nur in den ersten Tagen sauber und massiert mit ihrer Zunge den Bauch der Jungen, um die Verdauung anzuregen.

Handaufzucht von Meerschweinchenwaisen

Ist die Mutter bei der Geburt verstorben oder ist sie zu schwach, alle ihre Jungen zu säugen, dann müssen die kleinen Wesen von Hand aufgezogen oder zugefüttert werden. Bei mutterlosen Jungen ist es mitunter möglich, eine Amme zu finden. Die Jungen werden in einem separaten Gehege mit Wärmequelle (siehe Seite 171) und Kuschelsäcken untergebracht. Sie können in der Gruppe bleiben, wenn diese freundlich auf die Jungen reagiert.

Folgendes wird für die Jungenaufzucht benötigt 1-ml-Spritzen oder auch hochwertige Glaspipetten. Machen Sie sich mit diesen Geräten vertraut, bevor Sie diese verwenden. Katzenaufzuchtsmilch – nur Aufzuchtsmilch, keine normale Katzenmilch! Spezielles Päppelfutter für Herbivore (siehe Seite 169), Wärmekissen (Kirschkernkissen, Moorwärmflasche, Wasserwärmflasche, Snuggle Safe), Schmelzflocken, evtl. Karottenbabybrei oder Gemüsebrei, Handtücher und Kuschelsäcke.

So geht's Alle 2–3 Stunden bekommen die Jungtiere einen Muttermilchersatz gefüttert. Dazu wird die Milch nach Anleitung zu jeder Mahlzeit mit warmem Wasser oder Fencheltee frisch zubereitet. Zweimal am Tag wird ein Tropfen hochwertiges Speiseöl zugegeben, damit die Jungen genug Energie bekommen. Diese Milch wird in eine 1-ml-Spritze oder Pipette aufgezogen. Beim Füttern ist es sehr

Ein sehr kleines Satinmeerschweinchenweibchen mit ihren eine Woche alten Jungtieren.

wichtig, das Baby in der natürlichen Lage zu halten. Es darf nicht zu senkrecht gehalten werden, damit es normal schlucken kann. Im Idealfall sollte es mit allen Vieren auf einem Tischchen oder dem Schoß stehen. Es darf auf keinen Fall auf den Rücken gedreht werden. Die Milch wird tröpfchenweise ins Mäulchen gegeben. Nach jedem Schluck muss eine kleine Pause gemacht werden, damit das Baby schlucken und auch atmen kann! Nimmt das Jungtier die Milch nicht freiwillig an, wird die Spritze sehr vorsichtig von der Seite in das Mäulchen geschoben und ein Tropfen Milch wird direkt in das Mäulchen gespritzt. Nach dem Füttern wird der Bauchbereich mit leicht kreisenden Bewegungen in Richtung After gestreichelt, um die Verdauung anzuregen. Über den Tag verteilt sollten etwa 0,1–0,3 ml pro 10 g Gewicht gegeben werden. Ab dem 5. Lebenstag wird die Päppelmilch mit einem speziellen, rohfaserhaltigen Päppelbrei versetzt.

Zu Anfang wird nur sehr wenig von dem Pulver unter die Milch gemischt. Wird es gut vertragen, wird die Menge innerhalb von etwa fünf Tagen so weit gesteigert, dass nun nur noch zur Hälfte Milch und zur Hälfte Pulver gegeben wird. Nach weiteren fünf Tagen wird nur noch das Spezialfutter zugefüttert. Dieser Brei wird dann langsam abgesetzt, wenn das Baby gut zunimmt und selbstständig andere Futtermittel frisst. Die Babys müssen immer Zugang zu Heu und allen anderen Futtermitteln haben, damit sie von Anfang an lernen, was fressbar ist. Sie fangen schon kurz nach der Geburt an, alles zu probieren.

Sobald die Jungen überwiegend feste Nahrung zu sich nehmen, orientieren sie sich stark an den Erwachsenen, um zu lernen, was sie fressen dürfen und was nicht. Sind sie allein, lernen sie das nur sehr schwer und bleiben verunsichert. Deshalb sollen sie früh in eine Gruppe ziehen.

Entwicklung und Abgabe der Jungtiere

Neugeborene wiegen normalerweise zwischen 60 und 100 g. Sie nehmen täglich etwa 3 bis 4 g zu, am ersten und auch zweiten Lebenstag kann es allerdings zu einer leichten Gewichtsabnahme kommen.

Die Jungen werden von der Mutter nur etwa zwei bis drei Wochen gesäugt, sie nehmen aber auch schon kurz nach der Geburt feste Nahrung zu sich. Um zu lernen, was sie fressen dürfen, schauen sie genau nach, was die erwachsenen Meerschweinchen fressen. Sie schnüffeln an deren Maul und probieren dann das Futter, das diese fressen. Jungtiere dürfen meist jedem Gruppenmitglied das Futter vor der Nase wegklauen. In den ersten Wochen klauen sie aber nicht nur vorne, sie nehmen auch den Blinddarmkot erwachsener Meerschweinchen auf, um so an Bakterien zu kommen, die die Bakterienflora in ihrem eignen Blinddarm aufbauen. Jungtiere, die zu früh von allen Erwachsenen getrennt werden, haben häufig einen Mangel an Vitaminen des B-Komplexes, weil ihr Blinddarm diese noch nicht in ausreichender Menge produziert. Mit etwa drei Wochen produzieren frühreife Böcke schon eine kleine Menge befruchtungsfähiger Samen. Sie müssen dann in eine Bockgruppe ziehen oder frühkastriert werden. Die Weibchen hingegen können nur im absoluten Ausnahmefall mit vier Wochen schon gedeckt werden, aber bei sehr kleinen Würfen und wenn sie schon weit entwickelt sind, ist auch das möglich.

Manche Babys hängen sehr an der Mutter und schlafen einige Wochen an sie gekuschelt und suchen ihre Nähe. Andere nabeln sich schon mit zwei Wochen ab und werden dann das, was sie ihr ganzes Leben lang sein werden: Individualisten, die zwar die Nähe anderer Meerschweinchen brauchen – aber bitte nicht zu nah. Sie fangen an, Abstand zu halten.

Schon nach wenigen Wochen sind die Babys kaum noch als solche zu erkennen.

Die Mutter schnüffelt an dem Jungtier, um es am Geruch zu identifizieren.

Die Bindung zwischen Mutter und Kind ist nur in den ersten Lebenswochen eng.

Ab der dritten Lebenswoche fressen Meerschweinchenbabys schon alles, was auch die erwachsenen Tiere zu futtern bekommen. Die ersten Wochen sind für die Prägung sehr wichtig, ihr Darm stellt sich auf die Futtermittel ein und sie lernen schneller, was sie fressen dürfen. Meerschweinchen, die in der Zeit sehr einseitig ernährt werden, tun sich später ein wenig schwer damit, neue Futtermittel anzunehmen.

Geschlechtsreife und Erziehung

Mit etwa 2 Monaten und einem Gewicht von etwa 500–600 g sind alle Meerschweinchen geschlechtsreif. Die Hoden der Böcke sind voll entwickelt und das Ejakulat enthält im Normalfall eine große Anzahl befruchtungsfähiger Samenfäden. Die Eierstöcke der Weibchen produzieren regelmäßig befruchtungsfähige Eier und die Gebärmutter ist voll entwickelt. Zuchtreife erreichen sie aber erst mit etwa sechs Monaten. Erst dann sind sie schwer und fit genug, um selbst Junge großzuziehen.

Ab dem 2. Lebensmonat versuchen die Jungen auch intensiver, sich ihren Rang in der Gruppe zu erkämpfen. Die erwachsenen Tiere lassen das allerdings nicht immer durchgehen und disziplinieren die Jungen häufiger. Ganz freche Jungtiere werden dann auch mal gejagt oder weggebissen. In den nächsten Monaten lernen die Jungen das Sozialverhalten und fügen sich nach und nach in die Gruppe ein. Mit 8 – 12 Monaten sind sie ausgewachsen.

Abgabe der Jungtiere

Da die Jungen mit drei Wochen nicht mehr gesäugt werden, wird häufig angenommen, sie könnten dann schon in ein neues Zuhause ziehen. Allerdings hängen die Jungen in der Zeit meistens noch sehr an der Mutter, sie lernen von ihr und den Artgenossen und nehmen den Blinddarmkot der Erwachsenen auf. Auf keinen Fall dürfen so kleine Wesen einzeln oder in Babygruppen gehalten werden, dann bleiben sie sozial unterentwickelt, sind häufig sehr scheu und können sich nur schwer in Gruppen einfinden. Babys können allerdings ab der vierten Lebenswoche in andere Gruppen mit erwachsenen Meerschweinchen ziehen, wenn dies nötig ist. Erst mit einem Alter von etwa zwei Monaten können Jungtiergruppen gebildet und gemeinsam abgegeben werden.

Dank

Ich bedanke mich bei Dr. med. vet. Bernhard Lazarz, Tina Langen, Gabi Desch und Sabrina Hermann für das Korrekturlesen und die vielen Anregungen und bei allen anderen Tierhaltern, Tierärzten und Fachleuten für ihre Bereitschaft, mir Auskunft zu geben und bei Fragen weiterzuhelfen. Bei Alice Rieger und dem Kosmos Verlag für die Chance, das Buch zu schreiben und ihre Geduld mit mir. Bei meiner Fotografin Heike Schmidt-Röger für ihren Einsatz, ihre Geduld mit meinen Meerschweinchen und ihre Unterstützung bei der Bildauswahl. Bei Getzoo für die vielen schönen Einrichtungsgegenstände, die sie mit mir zusammen für Meerschweinchengehege entwickelt und für das Buch zur Verfügung gestellt haben. Unserem Fotomodell Silke Kreienbrink danke ich für ihren liebevollen und vor allem geduldigen Umgang mit den Meerschweinchen und ihrer Bereitschaft, für schöne Fotos ausdauernd im Meerschweinchengehege zu liegen. Den vielen Tierhaltern, die mir bereitwillig Fotografien ihrer Gehege und ihrer Tiere bereitstellten, danke ich auch ganz besonders. Bei Happy-Nager.de und der Firma Trixie für die praktischen und tiergerechten Gehege. Bei meinem Mann für seine Unterstützung bei allen meinen Projekten und bei meinen Meerschweinchen dafür, dass ich so viel von ihnen lernen durfte.

Nützliche Adressen

Bundesarbeitsgruppe Kleinsäuger e. V.
im Schulzoo-Leipzig e. V.
Binzer Straße 14
04207 Leipzig
Tel/Fax. 0 341 9403777
Mail: bag@schulzoo.de
www.bag-kleinsaeuger.de

Links

www.meerschweinchenhaltung.de
Auführliche Meerschweinchen Info.

www.nager-info.de
Die Internetseite der Autorin

www.dmsl.de
Deutsche Meerschweinchenmailingliste mit umfangreichem Meerschweinchen 1 x 1

www.ostseeschnuten.de
Meerschweinchen erklären ihre Welt

http://www.schweinzelhaltung.de/
Gegen Einzelhaltung

http://www.ethologie.de/
Abteilung für Verhaltensbiologie an der Universität Münster

Zum Weiterlesen

Dreyer, E. M.: **Wildkräuter und ihre giftigen Doppelgänger.** Kosmos 2011

Ewringmann, A.; Glöckner, B.: **Leitsymptome bei Meerschweinchen, Chinchilla und Degu.** Diagnostischer Leitfaden und Therapie. Enke 2005

Kremer, P.: **Steinbachs großer Pflanzenführer.** Ulmer 2005

Rodentia: **Kleinsäuger-Fachmagazin.** Natur und Tier-Verlag

Wilde, C.: **Traumwohnungen für meine Meerschweinchen.** Ulmer 2008

Wilde, C.: **Ihr Hobby Meerschweinchen.** Ulmer 2012

Register

Bildnachweis

195 Farbfotos wurden von Heike Schmidt-Röger/Kosmos für dieses Buch aufgenommen. Weitere Farbfotos von Angelique Bläsing (1; S. 77 l.), Petra Fischer (1; S. 90), Sylke & Matthias Flügge (1; S. 85 r.), Sabrina Herrmann (7; S. 30, 74, 154 beide, 162 l., 165 r., 172), Kathrin Jung (1; S. 36 r.,), Juniors Bildarchiv (1; S. 181), Lisa Koch (1; 73 l.), Tina Langen (1; S. 73 r.), Dr. Bernhard Lazarz (4; S. 6, 7 beide, 162 l.), Claudia Mesterheide (1; S. 86 Mitte), Shutterstock (© MartinMaritz: 1; S. 10 l., ©TOMO: 1; S. 10 r.), Christine Wilde (10; S. 19 r., 27 l., 97 l., 156 r., 159, 161, 165 l., 170 r., 185), Sascha Wilde (5; S. 75, 86 u., 88, 103, 118) und Caroline Wedel (1; S. 71).

Mit einer Illustration von Sascha Wilde (S. 13).

Impressum

Umschlaggestaltung von eStudio Calamar unter Verwendung von vier Farbfotos von Heike Schmidt-Röger/Kosmos.

Mit 232 Farbfotos und 1 Farbzeichnung.

Unser gesamtes Programm finden Sie unter **kosmos.de**.
Über Neuigkeiten informieren Sie regelmäßig unsere
Newsletter, einfach anmelden unter **kosmos.de/newsletter**

Gedruckt auf chlorfrei gebleichtem Papier

© 2015, Franckh-Kosmos Verlags-GmbH & Co. KG, Stuttgart.
Alle Rechte vorbehalten
ISBN 978-3-440-14053-6
Redaktion: Alice Rieger
Gestaltungskonzept: Eva Schmidt
Gestaltung und Satz: DOPPELPUNKT, Stuttgart
Produktion: Eva Schmidt
Printed in Slovakia / Imprimé en Slovaquie